国家综合性消防救援队伍干部初任培训规划教材

高等学校消防专业规划教材

消防器材装备

李莹莹 主 编
程 锦 副主编

化学工业出版社

·北京·

内 容 简 介

《消防器材装备》针对现代灭火救援需要，主要从消防员防护装备、灭火器具、灭火剂、抢险救援器材四个方面对消防救援队伍常见的消防救援器材装备进行介绍，包括消防服、头盔、消防靴、面具、安全带、安全钩、防毒面具、氧气呼吸器、空气呼吸器、隔热服、避火服，各种灭火器、供水器具、水、泡沫、干粉、卤代烷及其替代物、二氧化碳、金属灭火剂及烟雾灭火剂，侦检、警戒、救生、破拆、堵漏、输转、洗消、照明、排烟、登高等器材等。书中图文对照讲解，按照结构、型号、性能参数、使用维护等分类，便于读者理解和掌握。

本书可作为新招录消防干部培训、院校消防相关专业的教材，也可供基层消防人员和企事业单位专职消防人员培训使用。

图书在版编目（CIP）数据

消防器材装备/李莹滢主编.—北京：化学工业出版社，
2021.2（2022.11重印）
高等学校消防专业规划教材
ISBN 978-7-122-38238-2

Ⅰ.①消… Ⅱ.①李… Ⅲ.①消防装备-高等学校-
教材 Ⅳ.①TU998.13

中国版本图书馆CIP数据核字（2020）第257358号

责任编辑：韩庆利	文字编辑：宋 旋　陈小滔
责任校对：王 静	装帧设计：刘丽华

出版发行：化学工业出版社（北京市东城区青年湖南街13号　邮政编码100011）
印　　装：三河市双峰印刷装订有限公司
787mm×1092mm 1/16 印张12 字数 297千字 2022年11月北京第1版第2次印刷

购书咨询：010-64518888　　　　　　　　　　售后服务：010-64518899
网　　址：http://www.cip.com.cn
凡购买本书，如有缺损质量问题，本社销售中心负责调换。

定　价：39.80元

版权所有　违者必究

前　言

随着我国经济和社会的快速发展，特别是消防改革转隶以来，消防救援业务开始由传统的单一模式向综合化多功能立体方向发展，按照"全灾种、大应急"需求，消防救援队伍执行任务日趋繁重，对国家综合性消防救援队伍的综合能力提出了更高的要求，消防工作面临着前所未有的挑战。为积极响应消防工作的时代要求，及时反映消防器材装备的新理论、新技术和新标准，进一步满足消防指战员教育培训发展新需求，在认真听取各方意见、实地调研及参考国内同类优秀教材的基础上，应急管理部消防救援局昆明训练总队组织相关人员编写《消防器材装备》一书。

本教材以培养初级消防指挥人才为目标，内容精练，体例新颖，结构合理，在阐述消防器材装备基本原理的基础上，注重消防实际运用能力的培养，是一本重在突出专业应用能力培养的教材。本教材可供全国消防院校消防指挥、抢险救援、后勤管理等专业的教学以及基层初级指挥员、企事业单位专职消防人员的教育培训使用，也可作为有关消防工程技术人员的参考资料。

本书由李莹滢主编，程锦副主编，并负责总体设计、内容界定、编写指导、全面把关等工作。参加编写的人员分工如下：绪论，魏诚诚；第一章，李莹滢；第二章，董宁；第三章，程锦；第四章，黄东方，魏诚诚，程锦。

教材在编写过程中，得到了昆明训练总队党委的大力支持和帮助，谨在此深表谢意。

限于编者学识水平和实践经验有限，本书难免存在疏漏和不足之处，敬请读者和同行批评指正。

编　者

目 录

绪　论

一、消防器材装备的分类

随着社会经济的飞速发展，灭火救援类型也逐渐趋向于复杂化与多样化，面对日益复杂的救援现场，单纯地依靠传统的人海战术和大无畏的英雄气概，已难以胜任。现代灭火救援需要现代消防器材装备，消防器材装备直接制约和决定着战术的施行和救援的成败，影响着消防队伍灭火救援职能的发挥。

学会如何使用、如何应用消防器材装备，对提升消防队伍的灭火救援能力有很大的作用。按其功能分类，本书将从以下几个方面对消防器材装备进行介绍。

（一）消防员防护装备

消防员防护装备是保护消防员在灭火战斗和应急救援过程中免受伤害，正常发挥应有战斗力的器具。包括消防服、头盔、消防靴、面具、安全带、安全钩、防毒面具、氧气呼吸器、空气呼吸器、隔热服、避火服等。

（二）灭火剂

指用于灭火，能够灭火的药剂。包括水、泡沫、干粉、卤代烷及其替代物、二氧化碳、金属灭火剂及烟雾灭火剂等。

（三）灭火装备

指主要用于扑救火灾的器材、器具。包括各种灭火器、供水器具、泡沫灭火器具等。

（四）抢险救援装备

抢险救援装备是指主要运用于重大灾害事故和其他以抢救人员生命为主的应急救援工作的器材装备。包括侦检、警戒、救生、破拆、堵漏、输转、洗消、照明、排烟、登高等器材。

二、消防器材装备的地位和作用

（一）消防器材装备是构成消防队伍战斗力的基本要素之一

人、消防器材装备，以及人与消防器材装备的结合，是构成消防队伍战斗力的基本要素。

消防器材装备是人类同火灾作斗争的武器，是开展应急救援工作所采用的工具，是扑救火灾、应急救援的物质基础，也是影响灭火技术、战术发挥的客观条件。因此，我们说："有什么样的装备就打什么样的仗。"

国内外多起火灾扑救战例证明，对日益复杂的大型火灾，传统的人海战术、车海战术已不再适应了。现代火灾需要现代消防器材装备，甚至需要有高技术含量的特种装备、智能装备等。

消防器材装备在决定灭火成败的因素中，日益显示出重要的地位和作用。

（二）消防器材装备是一个国家、地区的消防科技实力的直接体现

近年来，我国在消防器材装备建设方面取得了很大的成绩，消防队伍装备数量规模不断扩大、现代化水平日渐提高，在火灾扑救和灾害事故处置中发挥了重要作用。但是，高难度火灾扑救困难尚未完全破解，依然存在，灭火装备需要不断改进；应急救援装备也比较欠缺。这就要求我们对现有消防装备进行吸收、消化，发挥其效能，并结合火场和其他灾害事故实际，提炼出需要的消防产品及器材装备，再由相关部门在此基础上进行创新，研发我们国家自主品牌的先进消防器材装备。

消防器材装备的先进程度是一个国家或地区对消防工作的重视程度及消防行业地位高低的反映，是其消防科技实力的直接体现。

三、消防器材装备的研究对象及内容

当前，部分基层消防站虽然配备了先进的器材装备，但是战斗员对器材装备缺乏应有的了解，导致用大量资金购置的器材装备变成了摆设，没有发挥装备器材应有的作用，同时日常训练仍停留在一般的操作使用上，缺乏对器材装备技术性能、操作原理及相关知识的学习，以至在实战中不能合理利用消防器材装备。因此，本教材从消防工作的实际需要出发，以现有的消防器材装备为研究对象，在使操作人员掌握消防器材装备操作方法的基础上，不断向消防器材装备的基本性能和工作原理延伸。

由于消防器材装备的品种、规格繁多而不可详尽，本教材立足现有装备，着眼未来发展，选择常用的、具有代表性的部分消防器材装备作为内容，阐述其功能、用途、结构、原理、性能、特点、操作使用方法要求，期望达到举一反三、融会贯通的效果。

四、消防器材装备课程的地位

实现人与消防器材装备的有机结合，是提高消防队伍战斗力的有效途径。要实现人与消防器材装备的有机结合，就要掌握消防器材装备。"打什么仗，用什么装备"。消防器材装备是消防后勤管理领域的核心内容之一，其与消防车辆一起，构成了消防装备的比较全面的内容体系。

当前，一线消防员越来越多地参与到消防器材装备的设计、定型、检验中；各个器材装备制造商都不断听取一线消防人员的建议，并根据各类灭火救援处置经验，对消防器材装备的研制、设计、生产给出相关建议；消防质量检验员制度的推行，也让更多基层消防员参与到消防器材装备的采购、配置和验收工作中。可以说，目前的消防器材装备，已经越来越明显地带上了"一线烙印"，其专业化、专门化、实用化越来越成为主流。在这样的背景下，"懂装备"与"会打仗"结合得更加紧密，器材装备的实战化、技术化也要求消防员尤其是

一线指挥员更懂装备性能和执行任务特点。立足于器材装备的特性，选用适合处置本地区灾害事故的消防器材装备，结合人员的编制体制，利用这些装备组织科学的训练，合理地管理和配置消防器材装备，以使其充分发挥效能。

作为消防员尤其是一线指挥员，了解消防器材装备，就要了解消防器材装备的功能、用途、结构、原理、性能、特点、操作使用方法、维护保养等方面的基本知识和基本技能。同时，消防器材装备也不断汲取消防队伍经验和优秀制造商产品实践，不断适应消防灭火救援需求，不断发展、日臻完善。

第一章

消防员防护装备

消防员防护装备是消防员在灭火救援作业或训练中，用于保护自身安全必须配备的安全防护装备，其品质、数量及技术性能直接关系到消防员进行消防作业时的人身安全和灭火作战能力的发挥。

目前，消防员防护装备按防护用途及功能设置，分为消防员防护服装、消防用防坠落装备、消防员呼吸保护装具、消防员水下保护装具、消防员呼救器具和定位器具等。

第一节　消防员防护服装

● 学习目标

1. 了解消防员防护服装按防护用途及功能分为哪些类型。
2. 熟悉常见消防防护服的作用以及主要组成结构。
3. 掌握一级化学防护服和二级化学防护服的区别。

消防员防护服装是指消防员在进行火灾扑救和参加以抢救人员生命为主的危险化学品泄漏、道路交通事故、地质灾害、气象灾害、建筑坍塌、重大安全生产事故、群众遇险事件等应急救援任务时穿着的专用防护服装。其主要包括消防员灭火防护服装、消防员抢险救援服装、消防员化学防护服装、消防员隔热防护服和消防员避火防护服等。

一、消防员防护头盔及头面部防护装具

（一）消防头盔

消防头盔主要适用于消防员在火灾现场作业时佩戴，对消防员头、颈部进行保护，可以配合头戴式防爆照明灯和头骨式收送话器使用。除了能防辐射热、燃烧火焰、电击、侧面挤压外，最主要的是防止坠落物的冲击和穿透。

消防头盔按外形可分为全盔式和半盔式两种，如图 1-1-1 所示。全盔式头盔将头部完全包裹在头盔内部，具有重心稳定、头盔与头部结合紧密的特点，但将头部全部包裹在头盔中，增大了头盔的重量，不利于头部散热。半盔式头盔覆盖人体头部耳朵以上的部位，具有缓冲空间大、重量轻、透气性好的特点，但重心较高，保护范围比全盔式小。

(a) 全盔式头盔

(b) 半盔式头盔

图1-1-1 消防头盔

1. 结构组成

消防头盔主要由帽壳、缓冲层、佩戴装置、面罩、披肩等主要部件组成。

（1）帽壳 帽壳由高分子合成材料注塑制成，要求帽壳具有足够的强度能直接阻挡冲击物，不使其冲穿帽壳、直接接触头部。

（2）缓冲层 缓冲层是位于头顶和帽壳内表面间的缓冲支撑带，通常由泡沫垫、十字减震带、帽网等组成。以全盔型消防头盔为例，其具有四级减震功能，帽壳有较强的抗穿刺性能，为第一级减震；泡沫垫为第二级减震，可以吸收冲击力；十字减震带（图1-1-2）为第三级减震；帽网为第四级减震。帽网与十字减震带，十字减震带与泡沫垫都有缓冲距离（图1-1-3），即减震空间。

图1-1-2 十字减震带

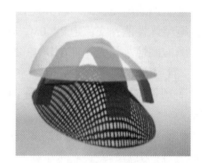

图1-1-3 减震空间

（3）佩戴装置 消防头盔佩戴装置由帽箍、帽拖、调节钮、颈托、下颏带防雾装置等组成。

（4）面罩 面罩是用于保护消防员面部免受辐射热和飞溅物伤害的面部防护罩。面罩由大面罩、小面罩、面罩固定和限位装置及面罩远近调节装置等构成。大面罩起保护作用，面罩表面涂有金属膜，可以反射火场辐射热和阻隔有害射线对面部或眼睛的伤害。小面罩在破拆作业时使用，可以防迸溅伤害眼睛。

（5）披肩 披肩是用于保护消防员颈部和面部两侧，使之免受水及其他液体或辐射热伤害的防护层。一般使用阻燃、耐热和防水性能的纤维织物制成。披肩与帽圈用粘扣或按扣连接在一起，可以装卸，便于披肩的洗涤。

2. 型号

消防头盔的型号编制方法如图1-1-4所示。

图1-1-4　消防头盔的型号编制

如FTK-Q/A表示全盔式消防头盔，企业改型代号为A。

3. 性能参数

（1）冲击吸收性能：5kg钢锤自1m高度自由或导向平稳下落冲击头盔，头模所受冲击力的最大值不超过3780N，帽壳不应有碎片脱落，帽拖不应有损坏或断裂，帽箍与帽壳的连接机构不应有损坏或断裂。

（2）耐穿透性能：3kg钢锥自1m高度自由下落冲击头盔，钢锥不能触及头模。

（3）耐燃烧性能：（10±1）kW/m²辐射热通量辐照60s，在不移去辐射热源的条件下，用火焰以45°±10°方向对准帽顶持续燃烧帽壳15s后立即移开火焰，帽壳火焰在5s内自熄，并无火焰烧透到帽壳内部的明显迹象。

（4）耐热性能：头盔在（260±5）℃环境中放置5min后，应符合下列要求：

帽壳不能触及头模，且应无明显变形；帽箍、帽托、缓冲层、下颌带和披肩均无明显变形和损坏；帽箍调节装置、下颌带锁紧装置、附件和五金件应保持其原有功能；头盔的任何部件不应被引燃或熔化；面罩应无明显变形和损坏。

（5）电绝缘性能：交流电2200V，耐压1min，帽壳泄漏电流不超过3mA。

（6）侧向刚性：帽壳侧向加压430N，帽壳最大变形不超过40mm，卸载后残余变形不超过15mm，且帽壳不应有碎片脱落。

（7）下颌带抗拉强度：下颌带受（450±5）N拉力，不发生断裂、滑脱，延伸长度不超过20mm。

（8）跌落性能：头盔自1.8m高度自由落下，撞击混凝土基座，无明显缺损、开裂、变形。

（9）视野：头盔的左、右水平视野大于105°。

（10）质量：全盔式头盔的质量（不包括披肩及附件）不应超过1800g，半盔式头盔的质量（不包括披肩及附件）不应超过1500g。

4. 操作使用

佩戴前检查消防头盔有无破损，结构是否牢固，照明灯灯架与头盔连接是否完好。

（1）将调节钮右旋至最大。

（2）将消防头盔戴于头部。

（3）旋转调节钮至头部感觉舒适。

（4）将快速插头插好，拉紧下颌带，粘紧带头与尼龙搭扣。

5. 使用注意事项

（1）执勤用消防头盔可采用平放或悬挂方式存放，保持通风、干燥，应做到专人专用。

（2）进入火场前，应竖起灭火防护服衣领，并与消防头盔的披肩重合，以保护颈部。

（3）灭火救援时，必须戴牢头盔，放下防护面罩，避免消防头盔与火焰或高温炽热物体直接接触。

（4）消防头盔不适用于化学污染、生物污染、核辐射等灾害现场的防护。

（5）在易燃、易爆环境下使用时，应由水枪进行冷却保护，防止产生静电。

（6）消防头盔应与阻燃头套配合使用。

（二）抢险救援头盔

抢险救援头盔适用于消防员执行抢险救援作业时佩戴。一般不考虑其耐热性能，而对它的冲击吸收性能、耐穿透性、电绝缘性、侧向刚性、下颏带拉伸强度等性能的要求则与消防头盔相同。

1. 结构

抢险救援头盔的结构与消防头盔相似，由帽壳、佩戴装置、面罩、披肩和下颏带等主要部件组成。其结构特点包括以下几个方面：

（1）帽壳分为无帽檐型和有帽檐型。顶部设计成无筋或有筋结构，并可设计安装通信、照明等配件的结构，帽壳颜色采用浅色或醒目色。

（2）头盔佩戴装置中帽拖和缓冲层形状适体，帽箍能灵活方便地调节大小，接触头前额的部分具有透气、吸汗功能，佩戴舒适。

（3）面罩颜色为无色或浅色透明，采用具有一定强度和刚性的耐热材料注塑制成。

（4）披肩为装卸式，采用具有阻燃防水性能的纤维织物缝制而成。

（5）下颏带可以灵活方便地调节长短，保证佩戴头盔稳定舒适，解脱方便。

2. 型号

抢险救援头盔的型号编制方法如图1-1-5所示。

图1-1-5　抢险救援头盔的型号编制

示例： RJK-YLA表示A型大号有帽檐抢险救援头盔。

3. 性能参数

（1）冲击吸收性能：5kg钢锥自1m高度自由下落冲击头盔，头模所受冲击力的最大值不大于3780N。

（2）耐穿透性能：3kg钢锥自1m高度自由下落冲击头盔，钢锥不能触及头模。

（3）阻燃性能：火焰燃烧帽壳15s，火源离开帽壳后，帽壳火焰在5s内自熄。

（4）热稳定性能：在温度为（180±5）℃条件下，经5min后，救援头盔边檐无明显变形；硬质附件须保持功能完好；无光材料表面无炭化、脱落现象。

（5）电绝缘性能：交流电2200V，耐压1min，帽壳泄漏电流不大于3mA。

（6）侧向刚性：帽壳侧向加压430N，帽壳最大变形不超过40mm，卸载后变形不大于15mm。

（7）下颌带抗拉强度：下颌带受（450±5)N拉力，不发生断裂、滑脱，延伸长度不大于20mm。

（8）质量：救援头盔的质量（不包括面罩和披肩等附件）不大于800g。

（三）头面部防护装具

1. 消防员灭火防护头套

消防员灭火防护头套是消防员在灭火救援现场套在头部，与消防头盔和消防员呼吸防护装具配合使用，用于保护头部、侧面部以及颈部免受火焰烧伤或高温烫伤的防护装具。

消防员灭火防护头套通常采用阻燃材料针织制成，材料对皮肤没有刺激性，同时具有保暖吸汗的功能。消防员灭火防护头套的尺寸大小可以覆盖整个头部，一直延伸到肩部，与佩戴者面部接触紧密，松紧适度，与空气呼吸器面罩配合协调。其阻燃性能指标如下：

续燃时间：经、纬向均不大于2s；

阴燃时间：经、纬向均不大于5s；

损毁长度：经、纬向均不大于100mm，且无熔滴；

极限氧指数（LOI）：不小于28%。

2. 消防护目镜

消防护目镜是消防员在进行各种消防作业时用于保护眼睛的防护装具，以防飞溅物进入眼内或冲击面部造成伤害。同时还具有防尘、防热、防紫外线辐射、防高强度冲击和防高速粒子冲击的功能。

二、消防员防护服

消防员防护服是用于保护消防员身体免受各种伤害的防护装备。通常防护服与其他防护装具（头盔、手套、靴子等）配合使用，共同组成消防个人防护装备系统，统称为消防员防护服。

（一）消防员灭火防护服

消防员灭火防护服适用于消防员在灭火救援时穿着，对消防员的上下躯干、头颈、手臂、腿进行热防护，阻止水向隔热层渗透，同时在大运动量活动时能够顺利排出汗气。

1. 组成与结构

消防员灭火防护服分为作战款和指挥款两种。作战款背部设有风琴褶。指挥款上衣的衣长较作战款同号型服装长140mm，下摆衣兜为斜插兜，下摆后部设有开叉，其他结构与作战款相同。

消防员灭火防护服由阻燃面料层、防水透气层、隔热层、舒适层等多层织物复合而成，采用内外层可脱卸式设计。

（1）主体结构　上下分体式结构，作战款上衣和裤子间重叠部分应不小于200mm。衣领为立领，前部设护领，衣领内侧采用顺色贴肤舒适面料。上衣在胸部、下摆、袖口各设1条360°环形反光标识带，裤子在小腿部各设1条360°环形反光标志带，反光标志带宽度为50.8mm，颜色为黄银黄。裤子裆部采用一体式设计。裤子背带配H形背带，背带应可调节长度，可拆卸。上衣前门襟拉链号型不小于8号。

（2）附属结构

口袋：上衣左胸外设电台立体口袋，门襟内侧设防水插袋，下摆设置外贴袋。大腿外侧各设工具袋1个。所有外口袋均设置漏水孔。

标识魔术贴：左上臂外侧设90mm×110mm盾牌型魔术贴并配盾牌型标识。左胸设19消防软胸徽同形状魔术贴，用于粘贴19消防员软胸徽或19消防干部软胸徽。右胸设90mm×57mm长方形魔术贴，并配消防员胸部标识。

袖口：袖口处采用圆弧形设计，外层本色布包边，设置收紧调节袢，并配置罗纹防护护腕，罗纹防护护腕开拇指孔，内部设置止水布。

上衣门襟：上衣门襟魔术贴为贯通式。

上衣下摆：上衣舒适层下摆设置止水布。

裤脚口：裤脚口处采用圆弧形设计，内部设置止水布，内侧设置拉链，裤脚设耐磨材料包边。

补强处理：肩、肘、膝部采用耐磨层加厚处理，耐磨层应柔软且易于清洗。

左右肩部设有两个挂袢。

消防员灭火防护服款式如下图1-1-6所示。

（3）面料

阻燃面料层：一般采用芳纶纤维织物，具有永久阻燃性能、不受多次洗涤影响、耐磨性能好、强度高等特点。

防水透气层：一般采用纯棉布复合聚四氟乙烯薄膜（PTFE），具有防水、透气功能。

隔热层：一般采用芳纶无纺布或毡，具有保暖、隔热和阻燃功能，提供隔热保护。

舒适层：一般采用纯棉面料或毛料制成，穿着更为舒适。

2. 型号

消防员灭火防护服的型号编制方法如图1-1-7所示。

(a) 作战款

图1-1-6

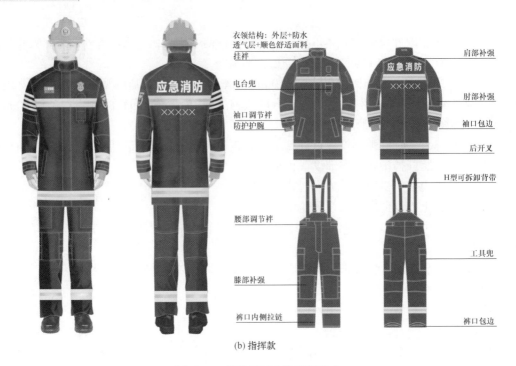

图 1-1-6　消防员灭火防护服款式

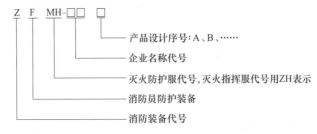

图 1-1-7　消防员灭火防护服的型号编制

示例： ZFMH—消防员灭火防护服；ZFZH—消防员灭火指挥服。

3. 主要性能参数

（1）面料的性能　面料外层应具有阻燃、表面抗湿、抗断裂能力强、抗撕裂能力强、热稳定好和色牢度高等性能；防水透气层应具有耐静水压、透水蒸气和热稳定等性能；舒适层应具有阻燃性能，并且无熔融和滴落现象。反光标志带应具有逆反射、耐热、阻燃、耐洗涤和耐高低温等性能。

① 外层面料

阻燃性能：经过25次洗涤后，损毁长度不应大于100mm，续燃时间不应大于2s，且不应有熔融、滴落现象。

表面抗湿性能：洗涤5次后，沾水等级不应小于3级。

断裂强力：经、纬向干态断裂强力不应小于650N。

撕破强力：经、纬向撕破强力不应小于100N。

热稳定性能：经（260±5）℃干燥箱5min后取出，沿经、纬向尺寸变化率不大于10%，试样表面无明显变化。

单位面积质量：应符合面料供应方提供的额定量的100%±5%范围内。

色牢度：耐洗沾色和耐水摩擦不应小于3级，光色牢度不应小于4级。

② 防水透气层

耐静水压性能：洗涤25次后，耐静水压不应小于50kPa。

透湿率性能：透湿率不应小于5000g/（m²·24h）。

热稳定性能：经（260±5）℃干燥箱5min后取出，沿经、纬向尺寸变化率不大于10%，试样表面无明显变化。

③ 舒适层

舒适层阻燃性能：经过25次洗涤后，损毁长度不应大于100mm，续燃时间不应大于2s，且不应有熔融、滴落现象。

（2）整体性能　热防护性能TPP值不小于28.0。防护服的领与前身、袖与前身、袋与前身、左右前身及其他表面部位的色差不小于4级。整套防护服质量不大于3.5kg。外观各部位熨烫平服、整洁，无烫黄、水渍、亮光、粉印、线头；衣领不翻翘；对称部位基本一致；黏合衬不准有脱胶及表面渗胶；标签位置正确，号型标志准确清晰。

4. 使用要求

（1）穿着前应进行检查，发现有损坏，不得使用。

（2）进入火场前，应竖起衣领，并使之与头盔的披肩重合以保护颈部；袖口应与手套重合，袖口带有拇指搭扣的，进入火场时应将拇指穿过搭扣环；裤脚应套在灭火防护靴外，并与靴体形成部分重叠。

（3）灭火救援时，应扣紧灭火防护服所有的部件，如尼龙搭扣、纽扣、拉链、吊钩、衣领、护颈等。

（4）穿着中不宜接触明火以及有锐角的坚硬物体。

（5）高温环境穿着灭火防护服时易采用内置式冷却背心等降温措施。

（6）穿着后应及时检查，发现破损应报废，及时更换。

5. 维护保养

（1）沾污的防护服可放入温水中用肥皂水擦洗，再用清水漂净晾干，不允许用沸水浸泡或用火烘烤。洗涤过程中严禁使用含氯漂白剂，不能用含磷酸盐的洗衣粉洗涤，以防损坏防水透气层。禁止熨烫灭火防护服。

（2）应储存在内置通风、干燥、清洁的库房内，避免雨淋、受潮、曝晒，且不得与油、酸、碱及易燃、易爆物品或化学腐蚀性气体接触。

（3）在正常储存条件下，每一年检查一次，检查合格后方可投入使用，防护服使用后应用水冲洗干净，晾干储存。

（4）在正常保管条件下，储存期为两年。

（二）消防员抢险救援防护服

消防员抢险救援防护服是消防员在进行抢险救援作业时穿着的专用防护服，用来对其躯干、颈部、手臂、手腕和腿部提供保护，但不包括头部、手部、踝部和脚部。

1. 组成与结构

根据服装式样，消防员抢险救援防护服可分为连体式和分体式；根据使用季节，可分为冬季抢险救援防护服和夏季抢险救援防护服。

（1）夏款主体结构　上下分体式结构。夏季服装为衬衫式上衣配长裤设计，上衣和裤子的重叠部分不应小于120mm，上衣采用收腰设计，衬衫式圆弧形下摆，前下摆应能够束入裤腰，且弯腰时后下摆不得滑出裤腰，前后衣长差量30～50mm。

衣领：立领，衣领竖起时，能够覆盖颈部，衣门襟使用拉链闭合。

反光标志带：前胸设V字形50.8mm（2英寸）宽反光标志带，后背设水平50.8mm（2英寸）宽反光标志带，袖口和脚口设环绕50.8mm（2英寸）宽反光标志带。

（2）夏款附属结构

肩背部拼接：上衣肩背设计拼接面料为深火焰蓝色。

口袋：上衣胸前设置贴袋，双线固定口袋布，袋盖为深火焰蓝色。大腿两侧设置立体贴袋。

标识魔术贴：左上臂外侧设90mm×110mm盾牌型魔术贴并配盾牌型标识。左胸设19消防软胸徽同形状魔术贴，用于粘贴19消防员软胸徽或19消防干部软胸徽。右胸设90mm×57mm长方形魔术贴，并配消防员胸部标识。

袖口及腋下：袖口方便穿戴救援手套，腋下有透气设计。

裤腰及门襟：下裤裤腰设置防滑腰衬，裤腰两侧装橡筋收紧。

裤脚口：裤脚口设粘扣带收紧，方便穿脱救援靴。

行军帽：为棒球帽款式，正前方设19消防软帽徽（帽徽底色为橘红色）头部围度520～640mm，后部采用卡扣调节祥。

腰带：为插扣式腰带，规格：长度×宽度×厚度为1300mm×50mm×2.8mm。

补强处理：肩、肘、膝、臀、裆部加厚处理增加耐磨性。

左右肩部设有两个挂祥。

（3）冬款主体结构　冬季服装为夹克式上衣配长裤设计，上衣和下裤经拉链连接可实现一体功能。

衣领：立领，衣领竖起时，能够覆盖颈部，门襟使用拉链闭合。

反光标志带：前胸设V字形黄银黄反光标志带，后背设水平黄银黄反光标志带，袖口和脚口设环绕黄银黄反光标志带。

（4）冬款附属结构

同夏款。

图1-1-8为夏款和冬款消防员抢险救援防护服款式图。

2. 型号

消防员抢险救援防护服的型号编制方法如图1-1-9所示。

示例：RJF-F1A表示A型1号消防员抢险救援防护服。

3. 主要性能参数

（1）阻燃性能：续燃时间不应大于2s，损毁长度不大于100mm，且无熔融、滴落现象。

（2）断裂强力：经、纬向干态断裂强力不小于350N。

（3）撕破强力：经、纬向撕破强力不小于25N。

（4）热稳定性能：在温度为（180±5）℃的条件下，经5min后，沿经、纬方向尺寸变化率不大于5%，且试样表面无明显变化。

挂袢
胸兜
袖口调节袢
后腰防滑腰衬
斜插兜
膝部补强
帽子
腰带

肩部补强
风琴褶
肘部补强
弧形底摆
裆臀部补强
工具兜
裤口调节袢

(a) 夏款

挂袢
工具兜
袖口调节袢
连接拉链
斜插兜
膝部补强
帽子
腰带

肩部补强
风琴褶
肘部补强
裆臀部补强
工具兜
裤口调节袢

(b) 冬款

图1-1-8 消防员抢险救援防护服款式

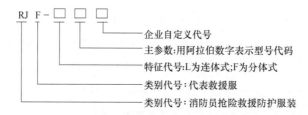

RJ F - □ □ □

企业自定义代号
主参数:用阿拉伯数字表示型号代码
特征代号:L为连体式;F为分体式
类别代号:代表救援服
类别代号:消防员抢险救援防护服装

图1-1-9 消防员抢险救援防护服的型号编制

4. 使用注意事项

（1）使用前应检查其表面是否有损伤，接缝部位是否有脱线、开缝等损伤。如有损伤，应停止使用，并应与防护头盔、防护手套、防护靴等防护服装配合使用。

（2）使用后应及时清洗、擦净、晾干。清洗时不要硬刷或用强碱，以免影响防水性能。晾干时不能在加热设备上烘烤。

（3）应储存在干燥、通风的仓库中，储存和使用期不宜超过三年。

（三）消防员隔热防护服

消防员隔热防护服是消防员在靠近火焰或强辐射热区域进行灭火救援时穿着的，用来对其全身进行隔热防护的专用防护服。

1. 组成与结构

通常有分体式隔热防护服和连体式隔热防护服两种。隔热服的面料由不同材质的多层材料构成，按照功能分为外层、隔热层、舒适层。外层由金属铝箔复合阻燃织物材料制成，主要作用是阻挡辐射热和阻止隔热服服燃烧；隔热层由阻燃黏胶或阻燃纤维毡制成，能够提供隔热保护；舒适层由阻燃纯棉布组成，穿着舒适。

以消防队伍常见的分体式隔热服为例：

（1）隔热头罩　隔热头罩是对消防员头部和颈部进行隔热保护的防护装具。它与隔热上衣多层面料之间有200mm以上的重叠部分。头罩设有腋下固定带。隔热头套上面配有视窗，视窗采用无包或浅色透明的具有一定强度和刚性的耐热工程塑料注塑制成，视野宽，透光率好。

（2）隔热上衣　隔热上衣是用于对上部躯干、颈部、手臂和手腕提供保护的部分。它与隔热裤多层面料之间有不小于200mm的重叠部分。隔热上衣背部设有背囊，空气呼吸器的储气瓶放在背囊部位。隔热上衣袖口部位与隔热手套配合紧密，防止杂物进入到衣内。

（3）隔热裤　隔热裤是用于对下肢和腿部提供保护的部分。隔热裤与隔热上衣有200mm以上的重叠，裤腿覆盖到灭火防护靴靴筒外部，防止杂物进入到靴子中。

（4）隔热手套　对消防员手部和腕部进行隔热保护的防护装具，通常与消防手套配套使用。它与隔热上衣衣袖多层面料之间有200mm以上的重叠部分。

（5）隔热脚盖　穿戴在消防靴外，对消防员脚部进行隔热保护的防护装具。它与灭火防护靴配套使用，与隔热裤多层面料之间有300mm的重叠部分。

2. 型号

消防员隔热防护服的型号编制方法如图1-1-10所示。

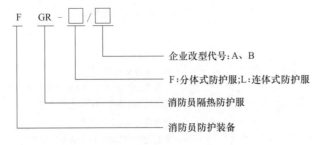

图1-1-10　消防员隔热防护服的型号编制

示例：FGR-F/A表示分体式消防员隔热防护服，企业改型代号为A。

3. 主要性能参数

（1）外层和隔热层阻燃性能：续燃时间不大于2s，损毁长度不大于100mm，且无熔融、滴落现象，舒适层面料阻燃性能：不应有熔融、滴落现象。

（2）面料外层抗辐射热渗透性能：内表面温升达到24℃的时间不应小于60s。

（3）隔热头罩性能：在高温为（260±5）℃下，经5min后，应无明显变形或损坏现象；视窗的左右水平视野应不小于105°，上视野应不小于7°，下视野应不小于45%。

（4）整体热防护能力：整体热防护能力TPP值不小于28.0。

（5）质量：整体防护服的质量不应大于6kg。

（6）外观：各部位缝制应平整，不应有脱险、跳针及破损等现象；各对称部位基本一致；粘合衬不应有脱胶和表面渗胶；标志位置设置正确，号型标志准确清晰；头罩视窗应无明显擦伤痕迹。

4. 使用要求

（1）穿着前，应检查表面无破损、铝箔脱落、开线等现象；检查隔热服各部位配件是否牢固、可靠；检查拉链是否顺畅灵活，背带是否有弹力，纽扣、黏胶是否完好，隔热头罩视窗是否清晰。

（2）穿着时首先应佩戴好防护头盔、防护手套、防护靴和空气呼吸器，然后穿着消防员隔热防护服，并将隔热头套、隔热手套、隔热脚盖分别穿戴在防护头盔、防护手套和防护靴的外部，将空气呼吸器储气瓶放在背囊中。

（3）在灭火战斗中，穿着消防员隔热防护服不得进入火焰区或与火焰直接接触。

5. 维护保养

（1）使用后，要用软刷蘸中性洗涤剂液，刷洗表面残留污物，然后用清水冲洗干净，严禁用水浸泡和捶击。洗净后宜挂在通风处自然干燥，严禁烘烤。

（2）隔热服要放在干燥通风处，防止受潮和污染，储存和使用期不宜超过三年。

（四）消防员避火防护服

消防员避火防护服是消防员进入火场，短时间穿越火区或短时间在火焰区进行灭火战斗和抢险救援时，为保护自身免遭火焰和强辐射热的伤害而穿着的防护服装。其不适宜在有毒和放射性伤害的环境中使用。

1. 组成与结构

消防员避火防护服采用分体式结构，由头罩、带呼吸器背囊的防护上衣、防护裤、防护手套和防护靴五个部分组成。头罩上配有镀金视窗，宽大明亮且反射辐射热效果好，内置防护头盔，用于防砸，还设有护胸布和腋下固定带。防护上衣后背上设有背囊，用于内置正压式消防空气呼吸器，保护其不被火焰烧烤。防护裤采用背带式，穿着方便，不易脱落，裤腿应覆盖靴筒外部。防护手套为大拇指和四指合并的二指式。防护靴底部具有耐高温和防刺穿功能。消防员避火防护服的主要材料包括：耐高温防火面料、碳纤维毡、阻燃黏胶毡、阻燃纯棉复合铝箔布、阻燃纯棉布等。

辅料包括：挂扣、二连钩、三道棱、拉链、粘扣、头罩视窗、内置头盔、背带等。

消防员避火防护服的结构按照功能分为防火层、耐火隔热层、防水层、阻燃隔热层和舒适层。

防火层的面料主要成分为具有极高热稳定性和强度的二氧化硅（含量大于96%）；耐火隔热层面料主要成分为氧化纤维毡；防水层面料为阻燃纯棉复合铝箔布，不仅具有防水和抗高温热蒸汽的功能，还具有抵御辐射热的作用；阻燃隔热层面料为阻燃黏胶毡，隔热效果较好；舒适层面料为阻燃纯棉布，穿着舒适，并对阻燃隔热层有一定的支撑作用。

2. 主要性能参数

（1）外层面料阻燃性能：损毁长度不大于100mm，续燃时间不大于1s；阴燃时间不大于2s。

（2）整体组合层面料抗火焰燃烧性能：在温度1000℃火焰上燃烧30s后，其内表面温升不大于25℃。

（3）外层面料撕破强力：经、纬向撕破强力不小于100N。

（4）外观质量：不得有污染、开线及破损现象，附件应装配牢固，不得有松动、脱落。

3. 使用要求

（1）穿着前应认真检查有无破损，如服装破损严禁使用。

（2）先穿防护裤，再穿防护靴，裤管套在靴筒外。佩戴好正压式消防空气呼吸器，穿着防护上衣。戴好头盔和头罩，系好固定带，戴上手套后扎紧袖口。

（3）使用本服装必须配戴空气呼吸器以及通信器材，以保证在高温状态下的正常呼吸和通信联系。

（4）消防员穿着该服装在进行长时间消防作业时，必须用水枪、水炮进行保护。

（5）避火服只能用于近火或短时间穿越火焰区作业，不宜长时间穿着避火服进入火焰区进行灭火救援作业。

4. 维护保养

（1）使用后可用干棉纱将防护服表面烟垢和熏迹擦净，其他污垢可用软毛刷蘸中性洗涤剂刷洗，并用清水冲洗干净，严禁用水浸泡或捶击，洗净后悬挂在通风处，自然干燥。镀金视窗应用软布擦拭干净，并覆盖一层PVC膜保护以备再用。

（2）应存放在干燥通风处，防止受潮和污染。

（五）消防员化学防护服

消防员防化服是消防员在处置化学事件时穿着的防护服装。不适用于灭火以及处置涉及放射性物品、液化气体、低温液体危险物品和爆炸性气体的事故。根据化学品的危险程度，消防员化学防护服可分为气密型防护（一级）和液体喷溅致密型防护（二级）两个等级。一级消防员化学防护服是消防员在处置气态化学品事件中，穿着的化学防护服装。二级消防员化学防护服是消防员在处置挥发性固态、液态化学品事件中，穿着的化学防护服装。

1. 结构

一级化学防护服装是全密封连体式结构。由带大视窗的连体头罩、化学防护服、正压式消防空气呼吸器背囊、化学防护靴、化学防护手套、密封拉链、超压排气阀和通风系统等组成。同正压式消防空气呼吸器、消防员呼救器及通信器材等设备配合使用。一级化学防护服的颜色为黄色。消防员佩戴空气呼吸器，穿戴好一级化学防护服后，人体呼出的气体贮积在化学防护服装内，使得服装内气体压力略大于外界环境压力，形成微正压，进而避免外界的毒害气体进入化学防护服装内。当化学防护服装内贮积的空气达到一定压力后，排气阀自动开启泄压。

二级化学防护服装是连体式结构。一般由化学防护头罩、化学防护服、化学防护手套等构成，与外置正压式消防空气呼吸器配合使用。二级化学防护服的颜色为红色。

2. 型号

消防员化学防护服装的型号编制方法如图1-1-11所示。

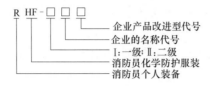

图1-1-11　消防员化学防护服装的型号编制

示例：RHF-I表示一级化学防护服装。

3. 主要性能参数

（1）一级消防员化学防护服

整体性能：化学防护服装的整体气密性<300Pa；贴条黏附强度≥0.78kN/m；超压排气阀气密性≥15s；超压排气阀通气阻力为78～118Pa；通风系统分配阀定量供气量为（5±1）L/min；通风系统分配阀手控最大供气量≥30L/min。

面料性能：拉伸强度≥9kN/m；撕裂强力≥50N。

阻燃性能：有焰燃烧时间≤10s；无焰燃烧时间≤10s；损毁长度≤10cm。

耐热老化性能：经125℃×24h后，不黏不脆。

面料和接缝部位抗化学品渗透时间≥60min。

耐电绝缘性能：击穿电压≥5000V，且泄漏电流<3mA。

化学防护手套耐刺穿力≥22N；化学防护靴靴底耐刺穿力≥1100N。

（2）二级消防员化学防护服

整体抗水渗漏性能：经20min水喷淋后，无渗漏现象。

耐热老化性能：经125℃×24h后，不黏不脆。

面料和接缝部位抗化学品渗透时间≥60min。

阻燃性能：有焰燃烧时间≤10s；无焰燃烧时间≤10s；损毁长度≤10cm。

耐刺穿力：二级消防员化学防护手套耐刺穿力≥22N，化学防护靴除靴底耐刺穿力≥900N外，其他性能与一级消防员化学防护服装相同。

4. 使用方法

（1）一级消防员化学防护服

穿着方法：

① 佩戴好正压式消防空气呼吸器压缩气瓶，系好腰带并调整好压力表管子位置，不开气源，把消防空气呼吸器面罩吊挂在脖子上，调整好对讲机机和呼救器。

② 打开一级消防员化学防护服密封拉链，先伸入右脚，再伸入左脚，将防护服拉至半腰，接上压缩空气瓶供气管、空气呼吸器面罩供气管分配阀，打开压缩空气瓶瓶头阀门，向分配阀供气，并佩戴好面罩、头盔。

③ 辅助人员提起服装，着装者穿上双袖，然后戴好头罩。由辅助人员拉上密封拉链，并把密封拉链外保护层的尼龙搭扣搭好。

脱卸方法：

根据服装使用过程中接触污染物质的情况，脱卸前由辅助人员进行必要的清理和冲洗。

① 穿着人员先把双臂从袖子中抽出，交叉在前胸。

② 由辅助人员把密封拉链拉开，把防护服从头部脱到腰部（注意：脱卸过程中化学防护服外表面始终不要与穿着人员接触），脱下空气呼吸器的面罩，关闭气瓶，脱开分配阀管路，卸下对讲装置、消防呼救器、消防头盔和压缩空气瓶。把化学防护服拉至脚筒，着装者双脚脱离化学防护服。

脱卸后，须对化学防护服进行检查和彻底清洗，然后晾干，待下次使用。

维护保养：

每次使用后，用清水冲洗，并根据污染情况，可用棉布蘸肥皂水或0.5%～1%碳酸钠水溶液轻轻擦洗，再用清水冲净；洗净后，服装应放在阴凉通风处晾干，不允许日晒。储存在温度-10～+40℃、通风良好的库房中；距热源不小于1m；避免日光直接照射；不能受压及接触腐蚀性化学物质和各种油类；每三个月进行全面检查一次，并摊平停放一段时间，同时密封拉链要打上蜡，完全拉开，再重新折叠，放入包装箱。

（2）二级消防员化学防护服

使用方法：

① 先撑开服装的颈口、胸襟、两脚伸进裤子内，将裤子提至腰部，再将两臂伸进两袖，并将内袖口环套在拇指上。

② 将上衣护胸折叠后，两边胸襟布将护胸布盖严，然后将前胸大白扣撑牢。

③ 把腰带收紧后，将大白扣撑牢。

④ 戴好正压式消防空气呼吸器或消防防毒面具后，再将头罩罩在头上，并将颈扣带的大白扣撑上。

⑤ 最后戴上化学防护手套，将内袖压在手套里。

维护保养：

每次使用后，根据脏污情况用肥皂水或0.5%～1%的碳酸钠水溶液洗涤，然后用清水冲洗，放在阴凉通风处，晾干后包装。

折叠时，将头罩开口向上铺于地面。折回头罩、颈扣带及两袖，再将服装纵折，左右重合，两靴尖朝外一侧，将手套放在中部，靴底相对卷成一卷，横向放入包装袋内。保存期间严禁受热及阳光照射，不能接触活性化学物质及各种油类。

（六）其他防护服装

1. 防蜂服

防蜂服是消防员在执行捣毁蜂巢任务时为保护自身安全时穿着的防护服装。防蜂服质量较重，与消防员化学防护服相近，可以作为化学防护训练服，代替化学防护服进行日常的防化训练。防蜂服采用连体式结构，面料为涂塑复合织物，配有头罩、手套和靴子。有些防蜂服面罩使用聚碳酸酯材料，有的使用金属丝网材料，都具有良好的防蜂性能。

2. 防静电服

防静电服是消防员在易燃易爆事故现场进行抢险救援作业时穿着的防止静电积聚的防护服装。在易燃易爆的环境下，特别是在石油化工现场，防静电服能够防止衣服静电积聚，避免静电放电火花引发的爆炸和火灾危险。

防静电服通常采用单层连体式，上衣为"三紧式"（即紧领口、紧下摆和紧袖口）结构，下裤为直筒裤。使用时必须与防静电鞋配套穿用，不允许在易燃易爆的场所穿脱，禁止在防静电服上附加或佩戴任何金属物件，并应保持防静电服清洁。

3. 特级化学防护服

特级化学防护服是在化学灾害现场或生化恐怖袭击现场处置生化毒剂时的全身防护服装，可适用穿戴各种品牌的空气呼吸器。能够全面防护各种有毒有害的液态、气态、烟态、固态化学物质、生物毒剂、军事毒气等，对军用芥子气、沙林等的防护时间≥1h。特级化学防护服可替代一级消防员化学防护服使用。

4. 消防阻燃毛衣

消防阻燃毛衣是消防员在秋冬季灭火救援时穿着的具有阻燃性能并起一定防护、保暖作用的专用毛衣，也具有一定的隔热性能。阻燃毛衣为长袖款或是背心款，采用永久性阻燃材料针织制成，具有阻燃、保暖、轻便、舒适等特点。肩部和肘部贴合有厚实牢固的阻燃材料，以增强阻燃毛衣耐磨性和强度。

5. 消防员降温背心

消防员降温背心是为降低消防员热应激，通过蓄冷剂预先蓄冷、逐步释放方式吸收消防员人体产生的生理热及环境渗透热的一种个人防护装备。降温背心为藏蓝色，采用防腐、轻质、柔软的高比热容材料，由外层、隔冷层、舒适层等组成，各层材料具有良好的阻燃性能，遇火碳化，离火自熄，使用时间≥4h。

6. 消防用救生衣

救生衣是消防员在进行水上抢险救援作业时穿着的防止溺水的防护装具，由尼龙布衣套和浮力材料组成。尼龙布衣套具有防水、增加浮力和自然保温的功能，并配有反光织物、哨笛和救生衣灯，牢固耐用，穿着方便。有的救生衣具有保温层，采用上衣下裤连体式设计，适合于消防员在寒冷的水中进行抢险救援等消防作业。

三、消防员防护手套

消防员防护手套是用于消防员手部保护的防护装备。按防护要求分为消防手套、消防员救援手套、消防员化学防护手套和消防耐高温手套。

（一）消防手套

消防手套是消防员在执行灭火救援任务时对手、肘部进行防护的装具。不适合在高风险场合下进行特殊消防作业时使用，也不适用于化学、生物、电气以及电磁、核辐射等危险场所。

1. 组成

消防手套为分指式，由外层、防水层、隔热层和衬里四层材料组合制成。消防手套由里到外分别是衬里隔热层、防水透气层、外层阻燃布同时还带有防割保护皮、松紧调节带和反光标志带。外层阻燃布和保温隔热层采用的面料提升了阻燃和隔热性能，可以很好地保护消防员的双手，且阻燃性能不会衰减。防割防护皮是一层特制皮层，具有耐高温、防割、耐摩擦等性能，在托、握、下降等操作时能够很好地保护双手。防水透气层具有阻水透气性能。松紧调节带能防止粉尘等固定颗粒物进入手套内部。反光标志带位于手套背面，标志明显，便于观察。

2. 使用与维护

（1）佩戴消防手套，应使手套口和灭火防护服袖口形成部分重合。

（2）佩戴消防手套进入火场前应将松紧调节带拉紧。

（3）灭火救援过程中，消防手套应避免与火焰或高温炽热物体直接接触。

（4）消防手套可采用水洗，使用中性洗涤剂，洗涤后晾干或用烘干机烘干。若采用烘干，烘干温度不宜超过60℃。

（5）消防手套应放置于通风干燥的室内，尽量避免长时间曝晒，严禁与化学危险品共同存放，整箱存放时，纸箱应放置于木板或货架上，以防地面潮湿。

（二）消防员抢险救援手套

消防员抢险救援手套是消防员在抢险救援作业时用于对手和腕部提供保护的专用防护手套。它不适合在灭火作业时使用，也不适用于化学、生物、电气以及电磁、核辐射等危险场所。

1. 组成

消防员抢险救援手套为五指分离式，主要由外层、防水层和舒适层等多层织物复合而成。为了增强外层材料的耐磨性能，可以在掌心、手指及手背部位缝制上一层皮革。

2. 使用与维护

消防员抢险救援手套的使用和维护可参照消防手套的要求进行。

（三）消防员防化手套

适用于消防员在处置化学品事故时穿戴，不适合于高温场合、处理坚硬物品作业时使用，也不适用于电气、电磁以及核辐射等危险场所。

1. 组成

其分为分指式和连指式，结构有单层、双层和多层复合，手套表面材料能阻止化学气体或化学液体向手部皮肤的渗透，使消防员免受化学品的烧伤、灼伤。主要用于防护油类、酸类、腐蚀性介质、酒精及各种溶剂。允许间歇地深入最高150℃、最低-25℃的液体中，佩戴舒适、活动方便。

2. 使用与维护

维护保养时使用常规洗涤剂机洗或手洗并远离紫外线和臭氧。

（四）防高温手套

适用于消防员在火灾、事故现场处理高温及坚硬物件时穿戴，不适用于化学、生物、电气以及电磁、核辐射等危险场所。

1. 组成

有分指式和连指式。一般为双层或三层结构，外层为耐高温阻燃面料，内衬里为全棉布。手套外层耐高温阻燃材料隔绝大部分的热量，防止高温热量向内传递而引起手部皮肤的烧伤，具有很强的防火、隔热、耐高温和防切割、防刺穿性能；耐接触热≥600℃。

2. 使用与维护

可参照消防手套的要求进行。

（五）内置劳动保护手套

用于应急救援时的手部内层防护。手套为纯棉质地，符合防静电、防滑技术要求，技术性能符合GB/T 12624—2009标准。

四、消防员防护靴

消防员防护靴是消防员进行消防作业时用于保护脚部和小腿部免受伤害的防护装备。

消防员防护靴的种类大致可分为消防员灭火防护靴、消防员抢险救援防护靴、消防员化学防护靴三种。

（一）消防员灭火防护靴

消防员灭火防护靴是消防员进行消防作业时用于保护脚部和小腿部免受水浸、外力损伤和热辐射的防护装备。主要有消防员灭火防护胶靴和消防员灭火防护皮靴。

灭火防护靴主体为阻燃橡胶材料，内设阻燃保温隔热层。主要由靴筒、靴面、靴底三部分组成。靴筒具有防水、防割等功能；靴面前端内设钢包头，具有防砸功能；靴底内设钢底板，具有防滑、防穿刺、耐电压5000V功能。

消防员灭火防护胶靴适用于一般火场、事故现场进行灭火救援作业时穿着。严禁用于电压高于4000V和有强腐蚀性液体、气体存在的化学事故现场，有强渗透性军用毒剂、生物病毒存在的事故现场，带电的事故现场等。

消防员灭火防护皮靴除靴底为橡胶外，其余部分采用皮革，使得防护皮靴穿着更轻便、舒适。消防员灭火防护皮靴的适用范围与消防员灭火防护胶靴相同，灭火防护皮靴连续使用不应超过7h，有刮伤和皮面脱落现象要缩短连续使用时间，防止靴面产生吸水现象。

（二）消防员抢险救援防护靴

消防员抢险救援防护靴是消防员在抢险救援作业时用于保护脚部、踝部和小腿部的防护装备，不适用于灭火作业或处置放射性物质、生物物质及危险化学物品作业时穿着。救援靴由靴底、靴跟、带舒适层的靴帮、带防刺穿层（钢板）的靴内底和靴头组成，穿着舒适，不磨脚。具有质轻、耐磨、透气、防水、防穿刺、阻燃、绝缘、防滑、耐酸碱等优点等特性。靴帮材料采用皮革，靴外底材料为橡胶。

（三）消防员化学防护靴

消防员化学防护靴通常与消防员化学防护服配套使用。适用于消防员在处置一般化学事件时穿着，不适于在灭火和涉及放射性物品、液化气体、低温液体危险物品、爆炸性气体、生化毒剂等事故现场穿用。靴头、靴底结构与消防员灭火防护胶靴相似，其中靴头内设置有钢包头层，靴底设置有钢中底层。靴底抗刺穿力不低于1100N，击穿电压不小于5kV，且泄漏电流小于3mA。

思 考 题

1. 消防头盔的作用是什么？由哪些部分组成？
2. 消防员灭火防护服的作用是什么？主要组成结构有哪些？
3. 简述一级化学防化服和二级化学防化服的区别。

第二节　防坠落装备

● 学习目标

1. 了解各种防坠落装备的用途。
2. 熟悉轻型安全绳和通用型安全绳的区别。
3. 掌握消防安全带的类型以及它们的主要区别。

消防用防坠落装备是消防员在灭火救援、抢险救灾或日常训练中，用于消防员登高作业、防止坠落的设备和装备的统称，是消防员重要的个人防护装备。防坠落装备由消防安全绳、消防安全带和消防防坠落辅助设备三部分组成，主要包括消防安全绳、消防安全腰带、消防安全吊带、消防安全钩、上升器、抓绳器、下降器、滑轮装置和便携式固定装置。

消防用防坠落装备分为轻型和通用型两类，轻型防坠落装备用于1.33kN及其以下负荷，主要适用于消防员紧急情况下的逃生自救；通用型防坠落装备用于2.67kN及其以下负荷。

消防用防坠落装备的型号编制如图1-2-1所示。

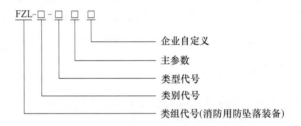

图1-2-1　消防用防坠落装备的型号编制

一、消防安全绳

消防安全绳是消防员在灭火、抢险救援作业或日常训练中仅用于自救和救人的绳索。消防安全绳在攀岩或空中作业时起导向和承载作用，并能在承载者坠落时吸收一部分冲击能量。安全绳按设计负载可分为轻型安全绳和通用型安全绳两类；按延伸率大小可分为动态绳和静态绳。

图1-2-2　消防安全绳

（一）组成与结构

消防安全绳由原纤维制成。消防安全绳为连续的夹心绳（图1-2-2）结构，主承重部分由连续纤维制成，整绳粗细均匀，结构一致。消防安全绳的长度可根据需要裁制，但不宜小于10m。每根绳的两端宜采用绳环结构，并用同种材料的细绳扎缝50mm，在扎缝处热封，并包以裹紧的橡胶或塑料套管。

（二）主要技术性能

绳索直径：轻型安全绳9.5～12.5mm；通用型安全绳12.5～16.0mm。

最小破断强度：轻型安全绳不小于20kN；通用型安全绳不小于40kN。

延伸率：承重达到最小破断强度的10%时，安全绳的延伸率不小于1%且不大于10%。

耐高温性能：置于（204±5）℃的干燥箱内5min后，安全绳不出现熔融、焦化现象。

（三）使用方法

（1）应保护安全绳不被磨损，在使用中尽可能避免接触尖锐、粗糙或可能对安全绳造成划伤的物体。

（2）使用时如必须经过墙角、窗框、建筑外沿等凸出部位，应使用绳索护套或便携式固定装置、墙角护轮等设备，以避免绳体与建筑构件直接接触。

（3）不应将安全绳暴露于明火或高温环境。

（4）使用前后应仔细检查整根绳索外层有无明显破损、高温灼伤，有无被化学品浸蚀，内芯无明显变形，如出现上述问题，或安全绳已承受过剧烈冲击、坠落冲击，该安全绳应立即报废。安全绳至使用年限后应立即报废。

（四）维护与保养

1. 洗涤

可放入40℃以下的温水用中性洗涤液或专用洗绳剂轻轻擦洗，再用清水漂洗干净，然后于阴凉处晾干。不得浸入热水中，不得日光曝晒或用火烘烤，不可使用硬质毛刷刷洗，不得使用热吹风机吹干。禁止使用酸、溶剂等化学物质进行清洗。

2. 储存

应保持清洁干燥，防止潮湿腐烂。如长期存放，要置于干燥、通风的库房内，不得接触高温、明火、强酸和尖锐的坚硬物体，不得曝晒。

二、消防安全带

消防安全带是消防安全腰带和消防安全吊带的统称。消防安全腰带固定于人体腰部，结构简洁，佩戴快速，但高空吊挂作业时不能很好地保持作业人员身体平衡，因此仅适合于作为消防员常规个人防护装备，而不适合用于危险性高的救援作业；消防安全吊带固定于作业人员身体躯干部位，高空吊挂作业时能保持作业人员身体平衡，可将作业人员双手解放出来从事相应作业，而且一旦发生坠落，消防安全吊带会将冲击力迅速分散到人体多个部位，减少了由于受力冲击而对人体内部器官产生危害的可能性。

（一）组成与结构

1. 消防安全腰带

消防安全腰带是一种紧扣于腰部的带有必要金属零件的织带，用于承受人体重量以保护其安全，适用于消防员登梯作业和逃生自救。消防安全腰带由织带、内带扣、外带扣、环扣和两个拉环等零部件构成。消防安全腰带的设计负荷为1.33kN，其质量不超过0.85kg。消防安全腰带为一整根、无接缝的织带，其宽度为70mm±1mm。

2. 消防安全吊带

消防安全吊带是一种围于躯干的带有必要金属零件的织带，用于承受人体重量以保护其安全。消防安全吊带的腰部前方或胸剑骨部位至少有一个承载连接部件，其承重织带宽度不小于40mm且不大于70mm。消防安全带分为Ⅰ型、Ⅱ型、Ⅲ型三类。

（1）Ⅰ型消防安全吊带

Ⅰ型消防安全吊带设计负荷为1.33kN，固定于腰部、大腿或臀部以下部位，适用于紧急逃生。Ⅰ型消防安全吊带由腰部织带、腿带、腰带带扣、织带拉环等零部件构成，为坐式安全吊带。

（2）Ⅱ型消防安全吊带

Ⅱ型消防安全吊带设计负荷为2.67kN，固定于腰部、大腿或臀部以下部位，适用于救援。Ⅱ型消防安全吊由织带、腰带带扣、腿带带扣、拉环等零部件构成，为坐式安全吊带（图1-2-3）。

图1-2-3　Ⅱ型消防安全吊带

（3）Ⅲ型消防安全吊带

Ⅲ型消防安全吊带设计负荷为2.67kN，固定于腰部、大腿或臀部以下部位和上身肩部、胸部等部位，适用于救援，可以为分体或连体结构。Ⅲ型消防安全吊带由织带、前部拉环、后背拉环、后背衬垫和带扣等零部件构成，为全身式安全吊带（图1-2-4）。消防安全带可调节尺寸大小以适合体型佩戴。

（二）主要技术性能

消防安全带应具备静负荷、抗冲击、耐高温和金属零件的耐腐蚀等性能。

图1-2-4　Ⅲ型消防安全吊带

（三）使用与维护

1. 使用方法

（1）使用安全带前必须进行专业的训练，熟练安全带操作方法。

（2）为了保持器材状态良好，做到专人专用。

（3）使用前后应检查安全带，确认其安全状况，若出现影响强度机能的破损，要立即停止使用。

（4）不能将安全带暴露于明火或高温环境。

2. 检查程序

每次使用后都应对消防安全带进行检查，检查方法如下：

（1）检查织带是否有割口或磨损的地方，是否有变软和变硬的地方，是否褪色以及是否有熔融纤维。

（2）检查缝线是否有磨损和断开，缝合处是否牢固。

（3）检查金属部件有无变形、磨损，是否有锐边。

如出现上述问题，或已承受过剧烈冲击、坠落冲击，该消防安全带应报废。消防安全带使用寿命与使用频率有关，以下情况会缩短产品寿命：不适当的存放；不适当的使用；作业任务中造成冲击；机械磨损；与酸碱等化学物质接触，与尿液、驱蚊液、血液等接触；暴露于高温环境。

3. 维护保养

消防安全带可放入40℃以下的温水中用中性洗涤液或专用洗绳剂轻轻擦洗，再用清水漂洗干净，然后于阴凉地方晾干。不得浸入热水中，不得日光曝晒或用火烘烤，不可使用硬质毛刷刷洗，不得使用热吹风机吹干。禁止使用酸、溶剂等化学物质进行清洗。

消防安全带应储存在干燥、通风的环境，避免与腐蚀性气体及过冷或过热的环境接触，不得接触高温、明火、强酸和尖锐的坚硬物体，不得曝晒。

三、消防防坠落辅助设备

消防防坠落辅助设备是与安全绳和安全吊带、安全腰带配套使用的承载部件的统称，包括安全钩、上升器、下降器、便携式固定装置、滑轮装置等。防坠落辅助装备宜为成套系统形式，将绳索、安全带及辅助装备组合配置后放入一个或多个专用救援包中。

（一）消防安全钩

消防安全钩是消防员高空作业时重要的安全保护装具之一，用于安全带与安全绳等防坠落装备之间的连接，可与多种装备配合使用。安全钩又叫"主锁""挂环"等，根据材料不同可分为钢制、合金制两种。安全钩上有相关信息标识符号，主要包含锁门关闭状态下纵向承重强度、锁门打开状态下纵向承重强度和锁门关闭状态下横向承重强度。

安全钩有不同的形状，主要有"D"形、"O"形与梨形。"D"形安全钩因为负荷点较为接近主轴而具有较高的强度，如图1-2-5所示。"O"形安全钩受力分布较为平均，即主轴跟锁门部分承受的拉力相同，绳索救援中使用较多，如图1-2-6所示。梨形安全钩因为形状较宽，一般配合意大利半结使用或进行较多连接点的挂接，如图1-2-7所示。

图1-2-5　"D"形安全钩　　　　图1-2-6　"O"形安全钩　　　　图1-2-7　梨形安全钩

（二）上升器

上升器是让使用者可沿固定绳索攀爬的摩阻式或机械式装置，主要用于有上升攀登情况的高空救援作业以及提升重物等作业。上升器按操作方法分为手式、胸式和脚式三类。

（三）止坠器

止坠器（图1-2-8）又称制动器，包括齿轮式和挤压式两种，与势能吸收包和牛尾绳配套使用，突发冲坠时自动停止锁紧，起到防止冲坠或防止安全绳滑动的作用。通常适用于双绳技术，使用时必须确保在保护绳上正确安装，检查确认安装方向并做瞬间锁止测试。

图1-2-8　两种止坠器

（四）下降器

下降器（图1-2-9）是让使用者可沿固定绳索进行可控式下降的摩擦式或机械式装置，适用于逃生或带人下降、悬空作业等。下降器按制停方式分为手动制停和自动制停两类，图1-2-9（b）为自动制停式下降器，通过操作手柄控制下降和停止，若操作手柄用力过猛或突然松手，防慌乱功能会迅速停止下降，停止下降后要立即将手柄关闭。

(a) 牛角八字环　　　　　　　(b) 下降器"ID"　　　　　　(c) 排形下降器

图1-2-9　下降器

（五）便携式固定装置

便携式固定装置（图1-2-10）主要包括三脚架、四脚架、A形架和悬臂等多种形式，其腿脚带有橡胶垫，长度可调节，适用于高空作业和井下作业时的支撑固定。

图1-2-10　便携式固定装置

（六）滑轮装置

滑轮装置是改变绳索施力方向和减少拉力的机械装置，适用于高空及井下救援作业。除了按设计负载分为轻型和通用型外，滑轮装置还可按结构分为单轴滑轮、双轴滑轮和多轴滑轮。

（七）多用途智能升降器

多用途智能升降器（图1-2-11）是一种由特殊的轮系传动、高能量密度电池、电机驱动的机电一体化装置，是一种沿着绳子做快速可控运动的便携式升降器。用于受时间、空间、动力限制难以架设传统提升装置、高深环境下的负载升降，其特点是装置与负载一同沿绳索受控上下运动。

图1-2-11　多用途智能升降器

思 考 题

1. 简述轻型安全绳和通用型安全绳的区别。
2. 消防安全带分为哪些类型，它们的主要区别有哪些？

第三节　消防员呼吸保护装具

● 学习目标

1. 了解常用呼吸保护器具的优缺点。
2. 熟悉三种呼吸保护器具的结构以及各部件的作用。
3. 掌握三种呼吸保护器具的使用方法和维护保养。

消防员呼吸保护装具是在浓烟、毒气、刺激性气体或严重缺氧的火灾现场，消防员进行消防作业时佩戴的，用于保护呼吸系统免受伤害的个人防护装备。

消防员配备的呼吸保护装具主要有正压式消防空气呼吸器、正压式消防氧气呼吸器、消防过滤式综合防毒面具等，可根据消防作业现场环境的不同需要选用。

一、呼吸保护器具概述

（一）人体呼吸生理

人的机体在新陈代谢过程中，不断地消耗氧气，同时产生二氧化碳。氧气要由外界获得，而二氧化碳需排出体外，因此，机体需要不断地与外界环境之间进行气体交换，即摄取氧气而排出二氧化碳，这个过程就是呼吸。人的呼吸过程由人体呼吸系统完成，呼吸系统包括鼻、咽、喉、气管、支气管和肺等器官。

在火灾条件下，大气的成分会起激烈变化。与此同时，还会出现局部高湿、高热现象。火灾中物质燃烧时，一是要耗掉大量的氧气，使其浓度可能降低到使人体出现危险的值。此外，地道、地下室、船舱等发生火灾时，烟气也要排出大气中的一部分氧气；二是会产生肉眼看不见的各种有毒气体；三是释放大量的烟雾。

火灾过程中，大气成分和环境的改变，对人体的影响很大。由于氧气浓度的降低，将导致人体组织缺氧；人体吸入一定量的有毒气体会中毒；浓重烟雾使火灾现场能见度降低，给火情侦察、救人、灭火等带来困难。

（二）呼吸保护器具分类

1. 根据对人体呼出气体的处理方式分类

可分为开放式和密闭式两种呼吸器。

（1）开放式呼吸器：对供给气体仅呼吸一次，人体呼出的废气经单向开启的呼气阀排入大气中。这类呼吸器有空气呼吸器和过滤式防毒面具（或称过滤式"自救器"）。

（2）密闭式呼吸器：对供给气体呼出后并不废弃或基本不废弃，而在呼吸器内部经过密闭循环系统加以处理，吸收二氧化碳，补充氧气，再供人体呼吸，这类呼吸器有压缩氧气呼吸器和化学氧气呼吸器。

2. 根据人体吸入气体的来源分类

可分为过滤式防毒面具和自给式呼吸器。

（1）过滤式防毒面具：吸入气体来自大气。

（2）自给式呼吸器：供给气体由呼吸器本身提供，如氧气呼吸器和空气呼吸器。

（三）三种呼吸保护器具的优缺点比较

目前我国消防队伍配备使用的呼吸保护器具主要有消防过滤式综合防毒面具、正压式消防空气呼吸器、正压式消防氧气呼吸器等三种。这三种呼吸器的主要优缺点如下：

1. 消防过滤式综合防毒面具

消防过滤式综合防毒面具结构简单、重量轻、携带使用方便，对佩戴者有一定的呼吸保护作用。其不足之处是，使用时外界的一氧化碳浓度不能大于2%，氧气浓度不能低于18%；且呼吸阻力大；一种滤毒罐只能过滤一种或几种毒气，其选择性强。因此，在火场环境中遇到一氧化碳浓度高、烟雾浓重、严重缺氧或不能正确判断火场中毒气成分时，其使用安全性就存在一定的问题。

2. 正压式消防空气呼吸器

正压式消防空气呼吸器适用范围广，结构简单，空气气源经济方便，呼吸阻力小，空气新鲜，流量充足，呼吸舒畅，佩戴舒适，大多数人都能适应；操作使用和维护保养简便；视野开阔，面罩内始终保持正压，毒气不易进入面罩，使用更加安全。正压式消防空气呼吸器是目前消防队伍应用最为广泛的呼吸防护装备。其不足之处主要是佩戴使用时间较短。

3. 正压式消防氧气呼吸器

正压式消防氧气呼吸器的特点主要是气源是纯氧，故气瓶体积小，重量轻，便于携带，且有效使用时间长。其不足之处是：这种呼吸器结构复杂，维修保养技术要求高；部分人员对高浓度氧（含量大于21%）呼吸适应性差；泄漏氧气有助燃作用，安全性差；再生后的氧气温度高，使用受到环境温度限制，一般不超过60℃；氧气来源不易，成本高。因此，与正压式消防空气呼吸器相比，正压式消防氧气呼吸器具有使用时间长的优点，常用于高原、地下建筑、隧道及高层建筑等场所长时间作业时的呼吸保护。

二、正压式消防空气呼吸器

正压式消防空气呼吸器是消防员使用的一种呼吸器，该呼吸器利用面罩与佩戴者面部周边密合，使佩戴者呼吸器官、眼睛和面部与外界染毒空气或缺氧环境完全隔离，具有自带压缩空气源供给佩戴者呼吸所用的洁净空气，呼出的气体直接排入大气中，任一呼吸循环过程，面罩内的压力均大于环境压力。

（一）结构组成

以某一型号的正压式消防空气呼吸器（后简称空气呼吸器）为例，空气呼吸器由七个部件构成（图1-3-1）：气瓶及瓶阀、减压器组件、供气阀面罩总成、背托总成、压力平视显示装置、快速充气装置、远距离通话装置。

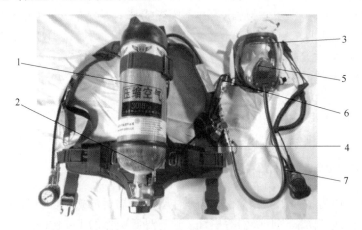

图1-3-1　正压式消防空气呼吸器结构组成
1—气瓶及瓶阀；2—减压器组件；3—供气阀面罩总成；4—背托总成；
5—压力平视显示装置；6—快速充气装置；7—远距离通话装置

1. 气瓶及瓶阀
气瓶总成是用来储存高压压缩空气的装置。它由气瓶、瓶阀和气瓶保护套构成（图1-3-2）。

图1-3-2　气瓶总成
1—复合瓶；2—瓶阀；3—气瓶保护套

气瓶用于贮存压缩空气。目前普遍使用碳纤维复合材料气瓶，由铝合金内胆（密封作用）、碳纤维（承压作用）、玻璃纤维（定型作用）、环氧树脂（保护碳纤维和玻璃纤维并使瓶体表面光洁美观）四层结构组成，如图1-3-3所示。气瓶额定储气压力均为30MPa。气瓶阀连接在气瓶上，用以控制气瓶内压缩空气的进出。带压力显示的瓶阀（图1-3-4）压力表位于瓶阀下方，双面显示，可以随时了解气量。

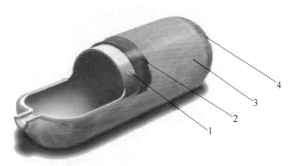

图1-3-3 碳纤维气瓶结构
1—铝合金内胆；2—碳纤维；3—玻璃纤维；4—环氧树脂

图1-3-4 带压力显示的瓶阀

瓶内压力气瓶阀上装有过压保护膜片，当气瓶内压力超过额定压力30%左右（37~45MPa）时，气瓶阀上安全膜片会爆破，气瓶会安全卸压，保证气瓶使用安全。

2. 减压器组件

减压器总成是将气瓶内高压清洁的气体减压后，输出0.7MPa左右的中压气体，再经中压导气管输送至供气阀以供人体呼吸的装置（图1-3-5）。

图1-3-5 减压器组件
1—中压导气管；2—警报器；3—压力表；4—他救接头；5—中压安全阀；6—减压器手轮；7—高压导气管

减压器总成由减压器、压力表、警报器、中压安全阀、中压导气管、高压导气管和他救接头组成。

（1）减压器 减压器的工作原理如图1-3-6所示。通过压力调节弹簧压力和中压腔B的气体压力平衡来控制活塞上下移动，从而带动阀杆运动，使得阀杆与阀座的间隙减小或增大，控制进入中压腔的空气量，保证其输出压力约在0.7MPa左右。当佩戴者停止吸气时，减压器气体输出量为零时，由于中压腔B内气体压力的上升，将导致活塞1向上运动，高压气体进入中压腔，中压腔的气压随之升高，推动活塞关闭高压阀门，直至阀杆10和阀门11之间的间隙减小，最终完全关闭。佩戴者吸气时，中压腔的气压会降低，压力调节弹簧就会推动活塞，打开高压阀门，达到新的平衡。

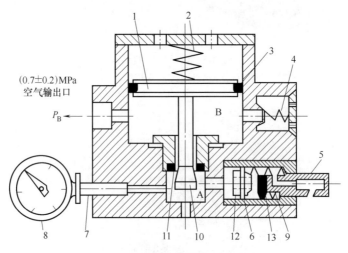

图1-3-6 减压器结构原理图

1—活塞；2—压力调节弹簧；3—O形密封圈；4—中压安全阀；5—气源余气警报器；6—警报器密封圈；7—压力表导管；8—气源压力表；9—警报器调节弹簧；10—阀杆；11—阀门；12—警报器控制活塞；13—阀门垫

如图1-3-6所示，中压腔B和减压器输出端及中压安全阀相通；高压腔A和气体输入端、压力表导管及气源余气报警器相通。

（2）中压安全阀 中压安全阀的作用是当减压器失去对高压空气的减压作用（如减压弹簧或膜片、阀片损坏）时，中压安全阀开启，高压空气经安全阀泄压后再保持较低压力输出，避免高压空气直接输出，发生意外。要求当中压腔B内压力为（1.0±0.2）MPa时，中压安全阀开启。当中压腔B压力恢复正常时，阀门关闭并保持气密。

（3）余气报警器 当气瓶内压力下降至（5.5±0.5）MPa时，报警器发出声响报警。报警器有两种结构：一种直接安装在减压器上，成为后置报警器；另一种与压力表一同置于使用者的胸前，称为前置报警器。前置报警器便于使用者清楚地听到报警声，尤其在多人同时抢险救援作业时，使用者很容易辨别出是否是自己的空呼器报警。

空气呼吸器的使用时间可按如下公式计算：

$$标称使用时间 = \frac{气瓶容积(L) \times 气瓶工作压力(MPa)}{30(L/min) \times 0.1(MPa)}$$

式中，30L/min是指我国有关行业中等劳动强度每分钟消耗的空气量。

实际使用时间会受到多种因素的影响而与标称使用时间有所不同，对于不同使用者和使用情况的气体消耗量是不同的，工作强度越大气瓶内的气体消耗就越快。

（4）压力表 压力显示装置的作用是实时显示气瓶内空气压力，便于使用者估计剩余作业时间。压力表外壳设有保护套,以防磕碰时损坏。

(5)中压导气管　中压导气管是阻燃胶管,一端连接供气阀,另一端连接减压器中压输出端。

(6)高压导气管　高压导气管的作用是将气瓶内空气输送至压力表,其一端连接压力表,另一端连接减压器高压输出端。

(7)他救接头　中压导气管上有一快速插头,可快速将供气阀与减压器相连接。必要时,将他救接头连接到中压管上,只需另加一套供气阀面罩总成即可供两人同时使用,实现紧急救援的目的。

3. 供气阀面罩总成

供气阀的作用是将减压器输出的中压气体再次减压至人体适宜呼吸的压力,实现按需供气及保持正压。供气阀总成主要由供气插口、外壳、手动强制供气按钮、手动关闭按钮、进气软管等组成。

供气阀是正压式消防空气呼吸器的一个关键部件。供气阀内设有大膜片自动平衡系统,随使用者的呼吸动作自动调节流量,实现按需供气。供气阀的正压机构一般由杠杆和弹簧片等组成,能够保证面罩内的压力始终处于正压状态。供气阀直接接于面罩上,并有一根进气软管通过快插接头连接到减压器上的中压导气管三通快速接头上,其结构如图1-3-7所示。

面罩是用来罩住脸部,形成有效密封,防止有毒有害气体进入人体呼吸系统的装置。面罩总成主要由呼气阀、面罩接口、视窗镜片、面框、挂带、传声器、吸气阀和口鼻罩等组成。

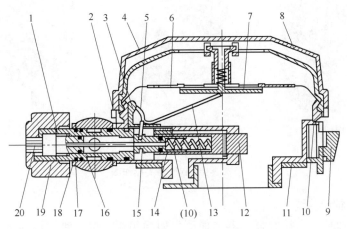

图1-3-7　供气阀结构原理图

1—弹簧销;2—锁紧板;3—半固定架;4—上盖组件;5—活塞杠杆;6—大膜片组件;7—呼气阀;
8—中盖;9—插板;10—弹簧;11—垫圈;12—导管组件;13—膜片杠杆;14—阀管衬套;15—活塞组件;
16—阀门管体;17—O形圈;18—弹性挡圈;19—手轮;20—调节杆组件

部分面罩与供气阀采用一体化设计,无需供气阀面罩连接操作,使用更快捷(图1-3-8)。气源转换装置可实现环境空气和气瓶气体互相切换使用,达到节约用气、快捷操作的目的(图1-3-9)。

4. 背托总成

背托总成是用来支承和安装气瓶总成和减压器总成,并保持整套装具与人体良好佩戴的装置。背托总成由背架体、肩带、腰带、腰垫、固定气瓶的瓶箍带组成。采用阻燃材料加工而成，形状适合人体背部曲线特征，肩带和腰带上装有快速收紧自锁和放松装置，通过拉带和腰带快速调节合适的佩戴位置。

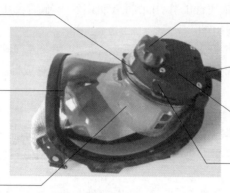

环境空气旁通装置
只需一个开关动作实现环境、气瓶气体切换使用，达到节约用气、快捷操作的目的

面窗
全视野球面设计，外表层采用高强度硬化处理技术，超强耐磨性能；内表层采用航空纳米防雾技术，高寒环境不易上雾

口鼻罩
透明硅胶设计，符合亚洲人脸型，贴合更加紧密，独特的流汗排出设计更加人性化

冲泄阀
可强制连续供气，去雾除霜

供气阀与胶管
连接处可360°旋转方便快捷

传声器
置于前端，交流更清晰更高效，同时使用者可配眼镜架作业

压力平视显示装置
放置于供气阀上，包含侦测模组和显示器两部分，采用无线连接方式

网状头罩 采用网状KEVLAR(一种芳纶纤维)：佩戴舒适，四点式连接受力均匀，两点式收紧操作简便，适合佩戴安全头盔作业

图1-3-8　供气阀面罩总成

上推开关　　　　　切换至大气空气，与大气相通　　　　　按下开关，切换至气瓶空气

图1-3-9　节气开关操作图

5. 压力平视显示装置

压力平视显示装置由接收显示器与侦测发射模组组合的一种气压显示装具，消防员不需要低头查看压力表就可以直观地了解气瓶内的气压状况，减少消防员查看压力表的频次，避免分散消防员的注意力而造成的危险，使消防员的操作使用更安全。

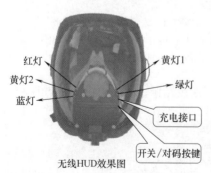

红灯　　　黄灯1
黄灯2　　　绿灯
蓝灯
充电接口
开关/对码按键
无线HUD效果图

图1-3-10　接收显示器安装图

压力平视显示装置可以实时显示气瓶内的气压状态，接收显示器（图1-3-10）安装在空气阀上，使用者可通过面窗直接观察。接收显示器包括3个气压指示灯、一个对码指示灯和一个电量指示灯。3个气压指示灯分别指示气瓶里的气体在30～10MPa（绿灯）、10～6MPa（黄灯）以及 6MPa以下（红灯）3

种状态，1 个对码指示灯显示对码配对情况，1 个电量指示灯提示电池低电量，消防员可从面罩内直接观察到气瓶内气源压力的变化情况及报警提示（表1-3-1）。

其中，绿灯、黄灯1、红灯为气压状态指示灯，黄灯2 为电压指示灯，蓝灯为对码指示灯。打开气瓶时，气瓶气压只要超过 0.1MPa，3 个气压状态LED灯会亮1s，然后根据实际气压值显示相应状态。

表1-3-1 气压值对应接收显示器状态

接收显示器主要显示功能	
气压值	气压状态指示
30~10MPa	绿灯常亮(满压状态)
10~6MPa	黄灯常亮(准备撤离状态)
气压值<6MPa	红灯闪烁(立即撤离状态)
气压值≤0.1MPa	红灯常亮(余气用完状态)

6. 快速充气装置（选配）

快速充气装置由三通接头、高压管、快速充气接头三部分组成。如图1-3-11。

图1-3-11 快速充气装置
1—三通接头；2—高压管；3—快速充气接头

快速充气装置是一种可以给气瓶快速充气的装置，使用者不需要将气瓶从空呼器上拆下就可以直接对气瓶直接进行充气，这样可减少气瓶更换频率，缩短应急响应时间，提高救援效率。该装置直接与减压器相连，操作方便快捷、使用安全可靠。

7. 远距离通话装置（选配）

远距离通话装置（图1-3-12）是一种专门用于救援环境下小巧轻便的通信单元，在高噪声环境下提供清晰的音频传输；结合了对讲机通信（远距离通信与语音放大器功能），既能单独作为扩音器进行短距离通话沟通，又能结合对讲机进行远距离通信联系。

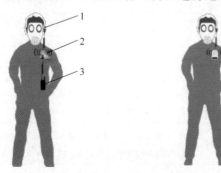

图1-3-12 远距离通话装置
1—骨传导麦克风；2—扩音装置/肩咪；3—对讲机

（二）型号及规格

1. 型号

正压式消防空气呼吸器型号编制如图1-3-13所示。

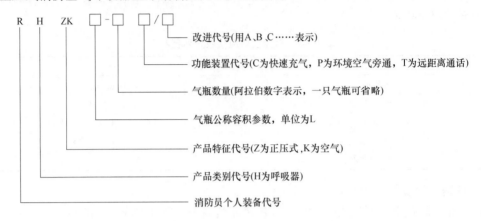

图1-3-13　正压式消防空气呼吸器型号编制

示例： RHZK 6.8表示气瓶数量为一只，气瓶的公称容积为6.8L的正压式消防空气呼吸器。

2. 规格

正压式消防空气呼吸器按照气瓶公称容积划分为：3L、4.7L、6.8L、8L、9L、12L。

（三）性能参数

主要性能参数见表1-3-2。

表1-3-2　空气呼吸器的主要性能参数

序号	项　目		技　术　参　数
1	产品结构		符合XF124标准要求
2	材料要求	着装带阻燃性能	不熔融，续燃时间不大于5s
		带扣阻燃性能	不熔融，续燃时间不大于5s
		面罩阻燃性能	续燃时间不大于5s
		中压导气管阻燃性能	续燃时间不大于5s
		供气阀阻燃性能	续燃时间不大于5s
3	整机气密性		1min内压力下≤0.5MPa
4	整机质量（空瓶状态9L）		8.5kg（9L 气瓶）
5	呼吸阻力	气瓶压力为30~2MPa时	以呼吸频率40次/min,呼吸流量100L/min呼吸,全面罩内始终保持正压,吸气阻力<500Pa,呼气阻力<1000Pa
		气瓶压力为2~1MPa时	以呼吸频率25次/min,呼吸流量50L/min呼吸,全面罩内始终保持正压,吸气阻力<500Pa,呼气阻力<700Pa
6	耐高温性能		在60℃环境中4h各零部件无异常变形、黏着和脱胶等现象。以呼吸频率40次/min,呼吸流量100L/min呼吸,全面罩内保持正压,呼气阻力<1000Pa

续表

序号	项 目		技 术 参 数
7	耐低温性能		在-30℃环境中12h各零部件无异常收缩、开裂和发脆等现象。以呼吸频率25次/min,呼吸流量50L/min呼吸,呼吸器全面罩内始终保持正压,呼气阻力<1000Pa
8	静态压力		<500Pa,且小于排气阀开启压力
9	报警器性能	报警压力	(5.5±0.5)MPa
		报警器连续声响时间	>15s
		报警器发声声级	>90dB(A)
		报警器平均耗气量	<5L/min
10	面罩性能	面罩总视野	82.7%(高于标准规定70%)
		面罩双目视野	67.7%(高于标准规定55%)
		面罩下方视野	大于标准规定:35°
		吸入气体中二氧化碳含量	<1%
11	减压阀性能	减压器输出压力	(0.8±0.5)MPa
		减压器输出流量	大于600L/min
		结构要求	减压器输出压力调整部位有锁紧装置输出端设置有安全阀
		安全阀开启压力	<1.2MPa
		安全阀全排压力	<1.4MPa
		安全阀关闭压力	<1.0MPa
12	供气阀性能		设置有正压机构,首次呼吸自动开启,供气量>550L/min并保持正压,体积小
13	高压部件强度		在1.5倍工作压力试验无变形和渗漏
14	中压导气管		佩带时头部转动灵活,不妨碍与供气阀的连接,弯曲时通气顺畅。爆破压力>8MPa
15	气瓶		碳纤维缠绕复合气瓶,安全可靠,重量轻。工作压力30MPa,爆破压力>120MPa,9L重4.5kg
16	开启方向		开启方向为逆时针,设有防止意外关闭装置,安全膜片爆破压力37~45MPa

（四）工作原理

正压式消防空气呼吸器的工作原理（图1-3-14）：打开气瓶阀时，气瓶内的高压空气通过瓶阀进入减压器组件，同时压力显示装置显示气瓶内空气压力读数。高压空气经一级减压后输出0.7MPa左右的中压气体，中压空气经中压管进入安装在面罩上的供气阀，供气阀将中压气体按照佩戴者的吸气量，进行二级减压，减压后的气体进入面罩，供佩戴者呼吸使用，人体呼出的气体经面罩上的呼吸阀排至大气，形成气体的单向流动。当气瓶压力将至约（5.5±0.5）MPa时，报警器发出报警，消防员应立即撤离。

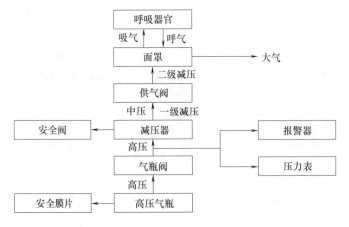

图1-3-14　正压式消防空气呼吸器工作原理示意图

（五）操作使用

1. 操作步骤

（1）检查气瓶压力及系统气密性　将供气阀面罩总成节气开关切换到大气状态，用手握住瓶阀手轮逆时针旋转2圈以上打开气瓶阀，30s后，观察压力表读数，空气压力应不小于28MPa。顺时针关闭瓶阀，如为不带压力显示瓶阀需用手沿瓶体方向推进手轮并旋转方能关闭，继续观察压力表读数1分钟，如果压力降低不超过0.5MPa，且不继续降低，则系统气密性良好。

（2）检测报警器及压力平视显示装置　打开气瓶阀的同时打开压力平视显示装置（图1-3-15），此时气源指示灯会根据实际气压值亮起相应的指示灯。10s后完全关闭气瓶阀，逆时针旋转正前方红色冲泄阀，将管路中的气体放出，当气瓶内压力下降到（5.5±0.5）MPa时，报警器开始起鸣报警。在此过程中，压力平视显示装置会根据气压的变化亮起不同的指示灯，当气压30～10MPa，绿灯长亮；当气压10～6MPa，黄灯长亮；气压值<6MPa，红灯闪烁；气压值≤0.1MPa，红灯长亮。余气放尽后关闭冲泄阀。

图1-3-15　压力平视显示装置开关

（3）检查瓶箍带是否收紧　用手沿气瓶轴向上下拨动瓶箍带，瓶箍带应不易在气瓶上移动，说明瓶箍带已收紧。如果未收紧，应重新调节瓶箍带的长度，将其收紧。

（4）佩戴装具　空气呼吸器佩戴后，调节拉带、腰带，确保合身、牢靠、舒适为宜，使臀部受重。

（5）佩戴面罩并检查面罩佩戴的密封性　按下节气开关（口鼻罩正前方的开关），按住橡胶软管的进气接头，吸气时应感到面窗始终向面部贴紧（即面罩内产生负压）并无漏气现象，说明面罩与脸部的密封良好，否则需重新收紧头带或重新佩戴面罩。当面罩佩戴在面部时，可以看到口鼻罩前方节气开关的状态。当节气开关推上时，面罩与大气接通，此时可以看到口鼻罩前有斑马条纹的提示（图1-3-16）。当节气开关闭合时，面罩与大气隔绝，与气瓶气源接通，此时无斑马条纹显示（图1-3-17）。

图1-3-16 大气接通状态

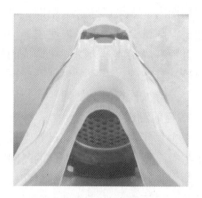

图1-3-17 气源接通状态

（6）打开瓶阀 用手握住手轮把手往气瓶方向推压，逆时针方向旋转瓶阀手轮，至少2圈。

（7）检查装具呼吸性能 按下节气开关，是供气阀面罩总成切换至气瓶供气，深吸气空气自动供给。通过几次深呼吸来检查供气性能，吸气和呼气都应舒畅，无不适感觉。

2. 使用空气呼吸器

（1）空气呼吸器经检查合格后，正确佩戴即可投入使用。使用过程中要随时注意报警器发出的报警信号，当听到报警声响时应立即撤离现场。

（2）每次使用空气呼吸器作业之前，都应作好工作计划，以确保气瓶内的空气充足供给，保证使用者进入事故区域执行任务，并能够返回到安全区域。

（3）使用者在使用过程中应经常观察无线气压指示灯或压力表的数据并估计剩余使用时间。任何情况下使用者必须确保气瓶内留有足够空气，能够保证自己可从被污染区域返回到不需呼吸保护的安全场所。

（4）如果气瓶内已经用掉部分气体后打算再次进入作业区域，此时使用者必须确保剩余气体足够执行任务，并能够返回安全区域。

3. 使用后处理

（1）检查空气呼吸器有无磨损或老化的橡胶件、磨损或松弛的头罩织带或损坏件。

（2）在温水（最高温度50℃）中加入中性肥皂液或清洁剂后，用海绵或软布将面罩擦洗干净，然后用净水彻底擦洗干净。用海绵蘸医用酒精擦洗面罩，进行消毒。

（3）消毒后，用饮用水彻底擦洗面罩。除无线气压指示（HUD）部件外其他部分可先用流水冲，然后晃动面罩，甩干残留水分，最后用干净的软布擦干或晾干。面罩彻底干燥后，再存放。用湿海绵或软布将空呼器其他部件擦洗干净。

（4）按执勤前的准备工作要求，对空气呼吸器进行检测。检测的项目包括：整机气密性能、动态呼吸阻力、静态压力、报警器性能。

（六）维护保养

1. 定期检查

对于备用的正压式消防空气呼吸器，必须每周进行检查，确保空气呼吸器在需要使用时能正常工作。如果发现有任何故障，必须将其单独存放，并做好标记以便进行修理。检查内容为：目检各部件是否完整及连接是否正确，整套空气呼吸器有无磨损或老化的橡胶件，有无磨损或松弛的织带和损坏的零部件；检查气瓶最近的水压试验日期，确认该气瓶是否在有效使用期内，如果已超过试用期，应立即停止使用该气瓶并做好标记，由被授权人员进行水压测试，测试合格后方可再使用；检查气瓶上是否有物理损伤，如凹痕、凸起、划痕或裂纹等，是否有高温或过火对气瓶造成的热损伤，是否有酸或其他腐蚀性化学物品形成的化学损伤痕迹。若发现以上情况，则不应再使用该气瓶，而应完全放空气瓶内的压缩空气，并做好标记，等待被授权人员处理。

2. 定期测试

至少每年由被授权的人员对空气呼吸器进行一次整机校验，在使用频率高或使用条件比较恶劣时，则应缩短定期测试的时间间隔。

与空气呼吸器配套使用的气瓶，必须通过由国家质量技术监督局授权的检验机构进行定期的检验与评定。性能测试的项目包括整机气密性能、动态呼吸阻力、静态压力、报警器性能、减压器性能、安全阀性能。

（七）常见故障原因及排除

空气呼吸器常见故障原因及排除方法见表1-3-3。

表1-3-3 空气呼吸器常见故障原因及排除方法

故 障 现 象	原 因 分 析	排 除 方 法
戴上面罩时面罩内有持续的气流	冲泄阀处于打开状态	关闭冲泄阀
	脸和面罩之间密封处泄漏	重新佩戴，并调节面罩带子
吸气时没有空气或阻力过大	气瓶阀未开足	完全打开瓶阀
	中压软管阻塞	返回公司修理
	面罩故障	用一只已知功能正常的面罩来更换被测面罩以确定故障是发生在面罩上还是在减压器上，如果吸气时，仍发生过量阻力则面罩没有故障，而应更换减压器
	减压器故障	用一只功能正常的减压器来更换被测减压器以确定故障是发生在减压器还是在面罩上，如果吸气时，仍存在过量阻力则减压器没有故障，而应更换面罩
面罩泄漏	面罩戴在脸上调节不当	重新戴上面罩，并调节带子
	节气开关处泄漏	送生产厂家修理
	面罩与密封圈之间泄漏	更换面罩组件
呼吸时阻力过大	呼气阀发黏	检查并清洁呼气阀组件
气瓶关闭时气瓶内空气流失	阀座泄漏，安全装置泄漏，瓶颈处泄漏	带气状态下将可能泄漏的部位浸入水槽以确定泄漏部位，然后放空气瓶内的剩余空气，在授权维修人员指导下维修

续表

故 障 现 象	原 因 分 析	排 除 方 法
系统泄漏	减压器和瓶阀接口处泄漏	检查连接处平面是否有异物，O形圈是否完好，并在减压器沟槽内
	中压管与减压器连接处泄漏	旋下螺纹接头，检查接头上橡胶垫圈是否完好。如有切开或老化则更换橡胶垫圈
	快速接头处泄漏	检查供气阀软管上的插头是否有擦伤、变形等，如有则更换供气阀，若插头完好，则是插座泄漏，更换新的中压管
	压力显示装置、中压安全阀与减压器连接处泄漏	从减压器上取下，安全阀罩用开口扳手拧紧安全阀和压力显示装置连接处的螺母
	压力表和压力表管泄漏	卸下压力显示装置进行检修，同时用胶布封住接口，防止灰尘进入
	减压器外泄漏	从背架上卸下减压器组件进行检修
余压报警器报警压力不正常	报警器故障	从减压器组件上卸下压力显示装置，送公司检修
压力平时显示装置不正常	接受显示器或侦测发射模组故障	将压力平视显示装置同减压器一起，送公司检修
远距离通话装置不正常	耳机或通信装置故障或者连接器连接松动	将连接器拔下重新连接，如果问题没有解决，将装置拆下送公司检修

三、长管空气呼吸器

长管空气呼吸器又称移动供气源，是一种将气源置于有毒有害工作环境外，在空气新鲜无污染的场所，依靠气瓶压力和长管连接，将洁净空气输送到在有毒有害工作环境下的工作人员的呼吸防护装备。

长管空气呼吸器具有使用时间长、行动方便灵活、佩戴者负重小等特点，适用于需较长时间作业的特殊固定场所和进入狭窄空间，但其作业活动范围受到管长的限制。此外，长管在长距离移动过程中，可能会被意料之外的尖锐器物戳破，或被腐蚀性介质腐蚀，或更可能与地面长期摩擦而刮伤。为减少这些安全隐患，可通过外加一个或多个应急气瓶，当出现供气不足等情况时，消防员可及时切换气源撤离工作现场。

长管空气呼吸器按照气瓶公称容积和数量划分，一般可分为6.8L双瓶、6.8L四瓶、9L双瓶和9L四瓶。气瓶的额定工作压力一般为30MPa。也有按照主供气管长度划分，有30m、60m两种规格。

下面以某一型号移动式长管呼吸器为例进行讨论。

（一）结构组成

长管空气呼吸器由车架总成、气瓶总成、减压器总成、导气长管、供气阀总成、面罩总成和应急转换逃生装置总成七大部分组成，如图1-3-18所示。

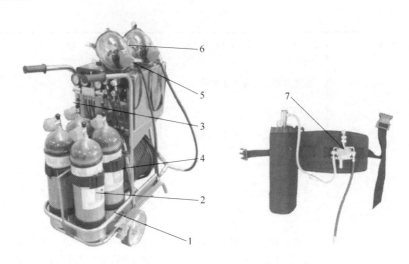

图1-3-18　长管空气呼吸器结构组成

1—车架总成；2—气瓶总成；3—减压器总成；4—导气长管；5—供气阀总成；
6—面罩总成；7—应急转换逃生装置总成

1. 车架总成

车架总成由推车式行走机构和导气长管缠绕装置等组成，气瓶总成、减压器总成、导气长管等都安装固定在车架上。行走机构带有制动装置，可防止在30°以下斜坡停放时发生滑动。

2. 气瓶总成

气瓶总成由气瓶和瓶阀等组成，瓶阀上装有安全膜片，当气瓶内压力过高（37～45MPa）时爆破泄压。长管空气呼吸器的气瓶可以分只或分组工作，可按需更换气瓶。

3. 减压器总成

减压器是长管空气呼吸器的核心部件，它将气瓶内的高压气体减压到中压气体，克服导气长管的压力损失，将中压气体输送到远端供气阀。

4. 导气长管

导气长管用于将减压器减压后的中压气体输送到远端供气阀，供使用者呼吸。

5. 供气阀总成

供气阀总成由节气开关、应急冲泄阀、插板、凸形接口、密封垫圈组成。其功能是通过调节供气压力，来满足佩戴者不同的吸气需求量。

6. 面罩总成

面罩总成可分为半面罩或全面罩。半面罩由颈带、传声器、吸气阀、头带、扣环组件、口鼻罩、凹形接口组成；全面罩在半面罩基础上增加了视窗、视窗密封圈和头罩组件。半面罩只能保护人体呼吸器官，防止有害物质进入口鼻；全面罩则能保护人体整个面部，主要是眼睛。面罩的选择应根据实际情况来选择。

7. 应急转换逃生装置总成

应急转换逃生装置总成包括应急气瓶、自动转换器、腰带等部件。当长管空气呼吸器出现故障，导气长管内的气压降至0.1～0.3MPa时，自动转换器能自动转换到应急气瓶供气，并发出报警提示使用者及时撤离工作现场。

（二）工作原理

长管空气呼吸器主要适用于长时间在有毒有害气体、蒸汽、粉尘、烟雾以及缺氧环境中进行的定岗作业或小活动范围工作的工作人员的呼吸保护，使用环境温度一般在$-30 \sim 65℃$。不适用于水下作业，也不适用于强酸、强碱场合下工作。长管空气呼吸器的工作原理如图1-3-19所示。

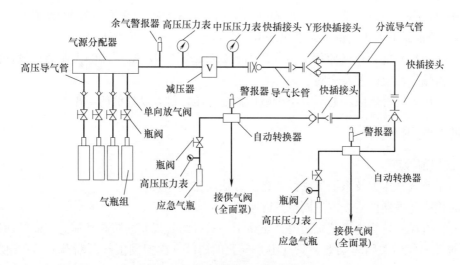

图1-3-19 长管空气呼吸器工作原理

先打开车架上一只（组）气瓶的瓶阀，高压空气进入气源分配器，经减压器一级减压后，通过导气长管送至Y形快插接头，分两路进入不同使用者的供气阀，供气阀将中压气体按照使用者的吸气量，进行二级减压，减压后的气体进入面罩，供使用者呼吸使用，人体呼出的气体经面罩上的呼气阀排至大气。

当导气长管内的气压降至$0.1 \sim 0.3$MPa时，自动转换器自动转换到应急气瓶供气，并发出报警提示，使用者听到报警声后，应立即打开应急气瓶的瓶阀，并拨开分流导气管，撤离工作场所。当余气警报器报警后，监护人员应及时打开备用气瓶并更换先前用的气瓶，保证车架上使用的气瓶始终处于充满状态。

（三）技术参数

（1）防护性能：在额定工作压力下，保证最长工作距离下的每人供气流量至少为200L/min，以满足工作中人体的最低需气量。

（2）整机气密性能：呼吸器在气密性能试验后，其压力表的压力指示值在1min内的下降不大于0.5MPa。

（3）面罩性能：面罩质地应分布列称，头带或头罩应能根据佩戴者头部的需要自由调整，其密合框应与佩戴者面部密合良好，无明显压痛感。面罩视窗为大视窗，应使用透光性能良好的无色透明塑料，并不应产生视觉变形现象，且应有除去视窗结雾功能。

（4）气瓶性能：高压气瓶上应有"压缩空气；气瓶编号；水压试验压力；公称工作压力；公称容积；重量；生产日期；检验周期；使用年限；产品标准号；警示：发现纤维断裂或损坏，不应充装"字样标记，气瓶外部应有防护罩。小车上的气瓶额定工作压力为

30MPa，容积不小于6.8L，应急供气装置的气瓶额定工作压力为30MPa，容积不小于2L。

（5）动态呼吸阻力：在2~30MPa范围内，以呼吸频率25次/min、呼吸流量50L/min进行呼吸，呼吸器的全面罩内应始终保持正压，且吸气阻力不应大于500Pa，呼气阻力不应大于1000Pa。

（6）静态压力：呼吸器的全面罩内静态压力不大于500Pa，且不大于排气阀的开启压力。

（7）警报器性能：当气瓶内压力下降至（5.5±0.5）MPa时，警报器发出连续声响报警，直至气瓶压力降至1MPa为止，声强峰值不小于90dB（A）；从警报发出至气瓶压力降至1MPa时，警报器平均耗气量不大于5L/min。

（8）减压器性能：在气瓶额定工作压力至2MPa范围内，减压器输出压力在设计值范围内。减压器输出端应设置安全阀。

（9）中压导气管爆破压力不应小于减压器输出压力最大设计值的4倍。

（四）使用方法

1. 使用前检查

（1）检查气瓶压力及系统气密性。检查方法同空气呼吸器。

（2）检查警报器。检查方法同空气呼吸器。

（3）检查应急转换逃生装置。打开车架上一只（组）气瓶的瓶阀和应急气瓶的瓶阀，待整个系统充满气后关闭车架上一只（组）气瓶的瓶阀（模拟发生气源断开）。打开供气阀，缓慢释放系统中的余气，待应急转换逃生装置发出报警声时，打开应急气瓶的瓶阀，拨开分流导气管，供气阀应持续供气，否则应暂停使用，并做好标记等待修理。

（4）检查所有快插接头的连接是否牢固。用力拽拉接头两端，不能有脱落的现象出现。

（5）检查供气阀与面罩的连接是否牢固。

2. 操作使用

车架上的气瓶应分只或分组使用，严禁同时打开车架上的所有气瓶。

（1）使用者佩戴好装具，经监护人员检查完整后方可进入作业现场。如两人同时使用，应等两人全部佩戴好后一同进入，并注意保持距离和方向，防止发生相互牵拉导气长管而出现意外。

（2）使用过程中，应注意避免导气长管与尖锐器物或腐蚀性介质接触摩擦，以免划破或腐蚀胶管而造成空气泄漏。

（3）作业时，监护人员应通过通信系统经常询问使用者的呼吸和作业情况，使用者应定时向监护人员提供自己的情况。另外，监护人员还必须监视气源供应情况，监视高、中压压力表的指示值是否正常或警报器是否报警。

（4）当余气警报器报警时，应由监护人员及时打开备用气瓶瓶阀，关闭在用气瓶瓶阀，泄压后更换气瓶。使用过程中发现异常情况，应立即通知使用者迅速撤离作业现场。

（5）如果使用者在使用过程中感觉呼吸不畅或应急转换逃生装置发出报警声时，应立即自行打开应急气瓶的瓶阀，拨开分流导气管，佩戴应急转换逃生装置撤离作业现场。

3. 使用后处理

关闭供气阀，摘下面罩，卸下应急转换逃生装置，关闭应急气瓶及车架上在用气瓶的瓶阀，然后打开供气阀，排空管路中的余气，对气瓶及时充气。

（五）维护保养

对长管空气呼吸器应至少每月检查一次，确保使用时能正常工作。如果发现有任何故障，必须将其单独存放，并做好标记以便让被授权人员进行修理。检查应按以下步骤进行：

（1）目测。目测各部件是否完整及连接是否正确，整套空气呼吸器有无磨损或老化的橡胶件，有无磨损或松弛的织带和损坏的零部件。

（2）检查气瓶

① 检查最近的水压试验日期，确认气瓶在有效使用期内。

② 检查气瓶上是否有物理损伤，如凹痕、凸起、划痕或裂纹等。

③ 检查气瓶内压力，气瓶内压力不应低于24MPa，应急气瓶内压力不应低于29MPa。

（3）检查输出压力。打开瓶阀，关闭供气阀，观察中压压力表的读数是否在0.6～1.0MPa之间。

（4）检查报警器。打开瓶阀30s后再完全关闭瓶阀，慢慢释放管路中的余气，同时观察高压压力表的读数，当压力在报警压力范围内，报警器应发出声响报警。

（5）检查腰带、肩带、应急气瓶袋。

（6）检查维护导气长管。如发现表面出现磨损、老化、烧焦、龟裂、凸起、漏气或快速插头泄漏，则应更换胶管。用清水将导气长管表面擦洗干净，并对导气长管进行充分吹扫，然后整齐地卷在缠绕装置上，并固定好。严禁导气长管进水。

（7）维护应急装置。使用后应用软布蘸中性洗涤剂进行擦洗，然后用纱布蘸清水擦洗、晾干或吹干。

（8）检查呼吸性能。吸气和呼气都应顺畅，无不适感觉。

（9）清洗、消毒。每次使用后，应对面罩、供气阀进行清洗、消毒。在每次对装具进行维修保养前后，应排空管路中的空气。

四、正压式消防氧气呼吸器

正压式氧气呼吸器简称氧气呼吸器（图1-3-20），是以高压氧气瓶充填的压缩氧气为气源，呼吸时使用氧气瓶内氧气，不依赖外界环境气体，以呼吸仓（或气囊）为低压储气装置，面罩内气压大于外界大气压的呼吸器。常用于地下建筑、隧道及高层建筑等场所长时间作业时的呼吸保护。

（一）结构组成

正压式氧气呼吸器主要由供氧系统、正压呼吸循环系统、安全报警系统及壳体背带系统四部分组成，各系统的组成如图1-3-21所示。

1. 供氧系统

供氧系统由氧气瓶、减压器、自动补给阀、手动补给阀、定量孔等部件通过管路连接而成。

图1-3-20　正压式消防氧气呼吸器

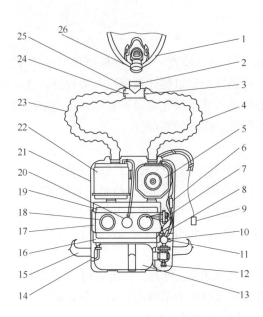

图 1-3-21　正压式氧气呼吸器组成示意图

1—面具；2—口具盖；3—吸气阀；4—吸气管；5—吸气冷却装置；6—报警器；7—需求阀；8—节流器；9—压力表；
10—减压器；11—安全阀；12—气瓶开关；13—氧气瓶；14—排水器；15—背具；16—气囊；17—横梁；18—正压弹簧；
19—弹簧压板；20—排气阀；21—下壳；22—清净罐；23—呼气管；24—呼气阀；25—口具；26—面具连接口

（1）氧气瓶　氧气瓶包括瓶体（铝合金内胆碳纤维全缠绕）、瓶阀、压力表。氧气瓶是由碳纤维复合材料制成，额定工作压力20MPa，氧气贮量不小于440L。瓶阀是氧气瓶瓶体的高压截止阀，用于供应和截断氧气。瓶阀上装有安全膜片，当气瓶内压力过高（25～30MPa）时，安全膜片自动破裂泄压。压力表可以随时了解氧气瓶中贮氧量。

（2）减压器　减压器的作用是将氧气瓶内的高压减为中压，并连续不断地供给呼吸舱氧气。

（3）自动补给器和手动补给器　当使用者进行重体力劳动时，代谢氧需求量超过1.8L/min时，呼吸舱供氧不足，膜片被推到呼吸舱顶部，可以开启自动补给阀进行快速补氧。

手动补给阀按钮是在应急情况下使用，当供氧系统发生故障或使用者感到呼吸气体不足时，可以按手动补给阀按钮，使高压气体通过气路排入到低压导管内。

（4）定量孔　定量孔提供1.4～1.8L/min的恒定氧流量，在1.60L/min的流量下，供给的氧气为人们"休息"时需氧量的4～6倍。

2. 正压呼吸循环系统

正压呼吸循环系统由面罩、呼吸阀、呼气软管、清净罐（CO_2吸收罐）、呼吸舱、排气阀、连接软管、冷却罐、吸气软管等组成。

（1）面罩　面罩具有宽的密封面贴合大部分脸部，并配有传声器、保明片和防雾剂等，它具有气密性好、视野宽阔、透明度高、性能可靠、使用方便的优点。

面罩在使用之前必须将视窗里面涂上防雾剂，以最大限度地增加镜架的防雾性能，应使保明片与视窗贴合应紧密。

（2）呼吸舱　储存氧气及清净罐过滤后的气体，并使之混合成富氧的气体。吸气和呼气所引起的呼吸舱容积变化是通过挠性膜片的运动来实现的。

（3）排气阀　轻体力劳动时，人体代谢耗氧量 0.75～1.0L/min，为防止呼吸循环系统产生过压，排气阀把多余的呼吸气体排掉。

（4）清洁罐　呼出的气体从面罩通过呼气软管返回到呼吸舱，与呼吸舱定量孔（1.4～1.8L/min 的流量）的供氧混合后送入清净罐进行化学反应，除去 CO_2，重新通过吸气管供人呼吸。清净罐中的吸收剂属一次性物品，用一次必须更换，否则二氧化碳无法被清除。

（5）冷却罐　冷却罐内嵌入蓝冰罐，作用是对清净罐出来的气体进行冷却。蓝冰作为冷却介质，在周围温度为 25℃ 的条件下，可使用 4h。蓝冰罐在使用前须放入冰箱，在 -15℃ 下冷冻 8～10h；使用时从冰箱内取出。

3. 安全报警系统

安全报警系统由报警器、安全阀、肩挂压力表、氧气自动截流器等组成。

（1）安全阀　安全阀的作用是一旦由于某种不正常的情况使减压器腔室压力超过允许值时，安全阀自动开启，使减压器泄压。安全阀出厂前已按要求调整好，使用者不得随意调整。

（2）报警器　当瓶阀打开和关闭时，报警器会发出短促的提示报警；在使用过程中，当氧气瓶内氧气存量剩下贮气量的 25%（5MPa±1MPa）时，报警器以大于 70dB 的声强鸣响约 30～60s，当报警器鸣响时，以提醒使用者最多还有一个小时可供使用。

（3）压力表　压力表是为了让使用者能够随时监视氧气瓶中氧气压力或检查氧气的消耗量。压力表采用量程 25MPa，其上设置保护套。

压力表受氧气自动截流器影响，压力指示在打开瓶阀约 1～2min 内才能达到满压，这是正常现象。

（4）氧气自动截流器　如果压力表管路被切断，作为控制过量气流时的自动截流器装置能将来自气源的氧气自动截止，以便完全撤离危险区。

4. 壳体背带系统

壳体背带系统由上、下壳体、背带及锁定销等组成。

（二）工作原理

氧气呼吸器工作原理如图 1-3-22 所示。

当打开氧气瓶后，高压气体通过减压器减压变为中压气体。中压气体通过供氧系统进入呼吸舱。当使用者吸气时，气体从呼吸舱流入冷却罐，气体在冷却罐里被冷却，然后通过吸气软管打开吸气阀进入面罩供人使用。当使用者呼气时，气体由面罩打开呼气阀进入呼气软管，再通过清净罐吸收呼气中的二氧化碳，同时通过定量供氧阀补给新鲜氧气，在呼吸舱中混合成含有富氧的气体，供吸气使用，完成一次循环。

使用者在不同劳动强度下需要的氧气量不同，会造成定量孔供氧不能适应使用者的需求，造成呼吸舱内气压升高或气压过低。当呼吸舱内压力过高时，排气阀被打开，自动排气，待呼吸舱内压力下降后，停止排气。当呼吸舱压力过低时，自动补给阀开启，自动补气。补气后呼吸舱内压力升高，当达到一定值时，停止补气。当使用者呼吸不畅或自动供氧系统出现故障时，可按动手动补给阀补充供氧量。手动补给阀属于应急装置，在正常情况下一般不需要使用。

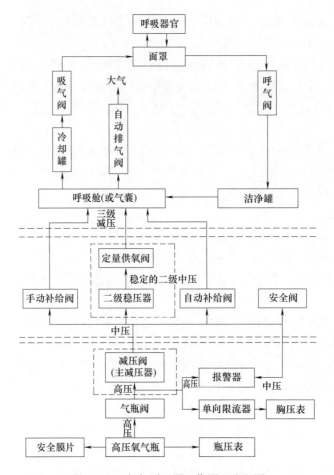

图1-3-22 氧气呼吸器工作原理流程图

（三）性能参数

正压式消防氧气呼吸器的主要技术性能见表1-3-4。

表1-3-4 正压式消防氧气呼吸器主要技术性能

项 目	性 能 参 数
额定防护时间/min	240
氧气瓶额定工作压力/MPa	20
高压气密性	不得漏气
低压气密性	压力变化值不大于30Pa
氧气瓶容积/L	2.4
气囊或呼吸舱的有效容积/L	≥5
定量供氧量/(L/min)	≥1.4
自动补给供氧量/(L/min)	≥80
手动补给供氧量/(L/min)	≥80
吸气中二氧化碳浓度	<1%

续表

项　目	性　能　参　数
吸气中氧气浓度	<21%
填装氢氧化钙量/kg	2.1
外形尺寸/mm	570×370×200
自动补给阀开启压力/Pa	10～245
排气阀开启压力/Pa	400～700

（四）使用方法

1. 佩戴前的准备工作

（1）目镜的防雾措施。面罩的目镜内侧喷涂与产品配套的防雾液，然后利用柔软的纱布或面巾纸擦匀。

（2）安装冷却剂。

（3）清净罐内装上二氧化碳吸收剂。

（4）确认氧气瓶内气压已充至18MPa以上。

2. 佩戴程序及方法

（1）背上氧气呼吸器并调整肩带，使氧气呼吸器的重量落在臀部。

（2）连接胸带和腰带。

（3）佩戴面罩并检查面罩的密封性：用手掌心捂住面罩接口处，深吸气并屏住呼吸5s，应感到面罩始终向脸部贴紧，否则需重新收紧头带或调整面罩的佩戴位置。

（4）连接面罩。把吸气软管与面罩吸气端相连接，呼气软管与面罩呼气端相连接。

（5）面罩连接好后，逆时针方向完全打开瓶阀，此时报警器发出短暂报警声。核实胸前压力表的压力值，正常为18～20MPa。

（6）氧气呼吸器的摘脱。关闭瓶阀，然后摘下面罩，放开胸带、腰带和肩带，取下氧气呼吸器。

（五）维护保养

1. 日常维护保养

（1）各个部件的拆卸。取下呼吸器面罩，卸下呼吸管、正压弹簧、气囊、清净罐、高压氧气瓶。

（2）面罩、呼吸管、气囊的清洁。将面罩、呼吸管、气囊依次放入装有清水的容器内进行清洁。将内外面的水微微甩干后，放置于通风良好的阴暗处自然晾干。用暖风进行强制干燥时，暖风的温度严禁超过40℃。

（3）面罩的消毒。使用蘸有消毒酒精的软布，擦拭面罩与脸颊的接触部位。

（4）呼吸器本体的清洁。用布垫住吸气冷却装置下方与气囊连接部位，将呼吸器本体直立放置，用软布擦拭吸气冷却装置内部的水分。用软布擦附着于呼吸器本体的污垢和水分。用软布擦拭吸气冷却装置冰盒内和橡胶盖上的水分。随后将其置于通风良好的阴暗处自然干燥。

（5）清净罐内氢氧化钙的废弃。取下清净罐上的填充口盖，将其中的氢氧化钙作为不燃垃圾丢弃。

（6）清净罐内填充新氢氧化钙。一边轻轻敲击清净罐的外壁，一边进行填充操作。直至装满清净罐填装口（约2.1kg），然后安装填装口盖。

2. 定期维护保养

（1）每年应进行一次清洗和消毒，并委托制造厂进行彻底检查。

（2）每三个月进行一次性能测试。性能测试的项目包括：面罩的气密性、高压系统气密性、低压系统气密性、定量供氧量、排气阀开启压力测定、自动补给供氧量、手动补给供氧量、自动补给阀开启压力测定、压力报警、减压阀性能等。

（3）每三个月对气瓶外观、气囊、呼吸阀片、呼吸软管、排气阀阀片、排气阀逆止阀片、低压部分"O"形圈、高压系统密封圈、氧气瓶开关、压力表进行检查并定期进行更换。

（4）每三年由国家质量技术监督局授权的检验机构对氧气瓶进行检验，更换橡胶件。

（六）常见故障原因及排除

氧气呼吸器常见故障原因及排除方法见表1-3-5。

表1-3-5　氧气呼吸器常见故障原因及排除方法

故 障 现 象	原 因 分 析	排 除 方 法
高、中压系统不气密	1. 需求阀、定量孔、减压器各连接处未拧紧 2. 压力表、限流器、中压导管、高压导管、减压器等连接处松动 3. 减压器与氧气瓶连接处的"O"形圈受损 4. 高、中压部件受损	1. 拧紧连接处 2. 更换泄漏处尼龙垫或"O"形圈 3. 更换受损部件
低压系统不气密	1. 各连接螺母未拧紧 2. 连接处的"O"形圈受损或粘有异物 3. 排气阀片处粘有异物 4. 低压部件受损	1. 拧紧连接处螺母 2. 清洗或更换泄漏处"O"形圈 3. 清洗排气阀片 4. 修补或更换受损部件
定量供氧量超出范围	1. 定量孔堵塞 2. 需求阀漏气 3. 手动补给漏气 4. 减压器中压不在规定范围内	1. 清洗定量孔 2. 维修需求阀门 3. 维修手动补给阀门 4. 调整中压值或更换部件
排气压力超出范围	1. 气囊位置不正 2. 正压弹簧弹力变化 3. 呼吸校验仪充气泵没关闭	1. 装正气囊 2. 更换正压弹簧 3. 关闭充气泵，打开氧气瓶
余气报警无响声或报警响声不停	1. 活塞卡死 2. "O"形圈、阀垫漏气	清理活塞或更换"O"形圈及阀垫
压力表指针不动作	1. 限流器内定量孔堵塞 2. 压力表受损	更换部件

思 考 题

1. 正压式消防空气呼吸器由哪些部件组成？各部件的作用是什么？

2. 简述正压式消防空气呼吸器的工作原理。

3. 简述正压式消防氧气呼吸器的工作原理。

第四节　其他防护装备及装具

● 学习目标

1. 了解消防员照明灯具及呼救、定位器具的作用。

2. 熟悉消防员照明灯具的结构。

3. 掌握消防员呼救、定位器具的功能。

一、消防员照明灯具

消防员照明灯具是消防员在无照明或照明条件差的环境下进行消防作业时使用的个人携带式灯具。可分为佩戴式防爆照明灯和手提式强光照明灯具。

（一）佩戴式防爆照明灯

佩戴式防爆照明灯是消防员在各种易燃易爆场所消防作业时使用的固定佩戴于消防员身体某一部位的消防员照明灯具。根据佩戴方式主要可分为头戴式、肩挎式、腰挂式、吊挂式等多种样式。消防员常用的有固态强光防爆头灯、便携式强光防爆工作灯和固态微型强光防爆电筒。

1. 固态强光防爆头灯

固态强光防爆头灯主要适用于在各种事故现场（包括易燃易爆场所）消防作业时，佩戴在消防头盔上作移动照明使用，必要时还可作为信号灯使用。固态强光防爆头灯结构如图1-4-1所示。

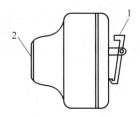

图1-4-1　强光防爆头灯结构示意图

1—头盔夹；2—灯头

2. 便携式强光防爆工作灯

便携式强光防爆工作灯具有携带方便、灯光穿透力强等特点，适用于消防员在各种事故现场（包括易燃易爆场所）消防作业时，在对光通量、光穿透力有较高要求的情况下作移动照明使用，此外还可用于水下消防作业。

便携式强光防爆工作灯（图1-4-2）主要由灯头、腰带夹、电池盒等部件组成。

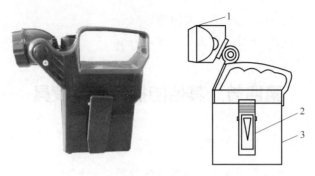

图1-4-2   便携式强光工作灯结构示意图

1—灯头；2—腰带夹；3—电池盒

3. 固态微型强光防爆电筒

固态微型强光防爆电筒的体积小、重量轻且防爆性能优良，适用于各种事故现场进行消防作业时（包括各种易燃易爆场所）作移动照明和信号指示使用。

固态微型强光防爆电筒由灯头、壳体和灯尾等部件组成，如图1-4-3所示。

（二）手提式强光照明灯具

手提式强光照明灯具是一种可手持的移动照明和应急照明灯具。这里主要介绍手提防爆探照灯。

手提防爆探照灯（图1-4-4）由壳体、灯尾、提手和灯头等部件组成，采用脉冲调光技术，强光、工作光随意转换，具有防爆性能、防水性能优良，能在200m水下长时间正常工作，适于消防员在火灾和应急救援现场以及水下消防作业时使用。该灯具还设有低电压保护和防误操作装置，不用时可将开关锁死，正常使用时后盖自动锁定。

图1-4-3   固态微型强光防爆电筒结构图

1—灯头；2—壳体；3—灯尾

图1-4-4   手提防爆探照灯结构图

1—灯尾；2—壳体；3—灯头；4—提手

（三）消防用荧光棒

消防用荧光棒用于黑暗或烟雾环境中一次性照明和标识使用，有效夜色距离300m，使用寿命为10h以上。

二、消防员呼救、定位器具

（一）消防员呼救器

消防员呼救器作为一种消防个人防护装备，已经成为消防员在执行任务时必不可少的重要装备，该装备可以保证消防员在执行任务自身遇到危险时及时得到救助，从而有效保障消防员的生命安全。

1. 使用条件

（1）工作温度：–25～70℃；

（2）相对湿度：30%～93%；

（3）大气压力：86～106kPa。

2. 功能

（1）呼救器的供电电源采用可充电电池。

（2）预报警功能：当静止时间超过允许静止时间时，发出快速的断续预报警声响信号。在预报警期间，呼救器工作方位发生变化或呼救器做速率不小于5m/s的平面匀速运动时，预报警声响信号立即解除。

（3）自动报警功能：当静止时间超过允许静止时间和预报警时间之和时，发出连续报警声响信号和方位指示频闪光信号。在报警期间，报警声响信号和方位指示频闪光信号只能手动消除。

（4）手动报警功能：在手动报警期间，报警声响信号和方位指示频闪光信号不受呼救器工作方位变化或运动速率变化的影响。

（5）通信功能：呼救器能发射信号至接收端予以识别，并能接收并识别来自接收终端发射的信号。

（二）消防员呼救器后场接收装置

消防员呼救器后场接收装置（图1-4-5）在消防员呼救器基本功能上，增加了无线收发功能，并设有实时跟踪抢险救援者现场呼救报警信号功能的后场接收装置。一旦呼救器有异常，后场接收装置发出声响，同时报警呼救器编号图案变色，数字显示预报警、强报警。关闭电源再启动或按下手动键复位，呼救器报警信号消失，后场接收装置显示屏显示常态，声响报警停止。该产品具备群组无线收发、相互传递声光报警和显示报警位号；同时又具备电池低压报警；与空呼器配套计时报警和后场接收显示等功能。系统具有可靠、及时、操作简便的特点，是目前消防应急救援装备比较先进的设备。

图1-4-5　消防员呼救器后场接收装置

思 考 题

1. 消防员照明灯具的分类及功能是什么？

2. 消防员呼救器的功能有哪些？

第五节　消防员水下保护器具

🔴 **学习目标**

1. 了解消防员水下保护器具的种类。
2. 熟悉各类消防员水下保护器具的用途。

消防员水下保护装具是消防员在水下救援作业时的专用防护装备，它包括：潜水装具、潜水服、水下通信设备和水下破拆工具等。

一、潜水装具

以某品牌作为介绍，组成部件有气瓶、脚蹼、单压力表、面镜、手套、潜水靴、浮力调整器、潜水调节背心、包胶铅块、配重腰带、配重腰带扣等。

面镜如图1-5-1所示，由镜片、镜架、裙边及头带组成。与游泳镜不同，专业的潜水镜

镜片由耐压钢化玻璃制成，上面印有"TEMPERED"。潜水面镜有用于平衡压力的鼻囊，并可阻止水进入鼻腔。

呼吸管（图1-5-2）是水面浮潜时使用，可以使人不必把头抬离水面也能呼吸；在水肺潜水中，潜水者在水面休息或游动时可通过呼吸管来呼吸，以节省气瓶中的空气。呼吸管

图1-5-1　潜水面镜

从结构上分，基本上可分为两大类：有排水阀型和无排水阀型。从造型上看，有L形、J形、C形、G形等。长度通常在42cm左右，口径在2～2.5cm。

脚蹼如图1-5-3所示，提供潜水员水下前进的推动力。与游泳不同，潜水只是依靠腿部的运动来实现移动，而双手通常用来做其他的事情（如水下摄影、操纵其他仪器设备等）。根据使用和设计不同，又分为套脚式和调整式两种。

图1-5-2　呼吸管　　　　　　　　　　　　　图1-5-3　脚蹼

潜水靴如图1-5-4所示，既可以在潜水时穿着，也可以用于在沙滩和礁石上行走。优质潜水靴的防滑靴底和靴腰通常用原生橡胶制成，由潜水专用的尼龙布和发泡材料制成靴面和靴腰，靴腰的一侧有拉链。优质潜水靴一般不采用彩色橡胶，因为使用添加了染料的橡胶老化得较快，会缩短潜水靴的使用寿命。

潜水手套如图1-5-5所示，是不可缺少的保护工具，因为手在各种活动中是最容易被刺伤的。同时，还可以起到很好的保暖作用。

呼吸调节器（图1-5-6）是保障潜水者在水下呼吸的关键设备。由一级减压器、二级减压器和中压管组成。气瓶内的高压空气，通过呼吸调节器两级减压装置，自动调节为与潜水

员所在深度相适应的压力，供给潜水员呼吸。

图1-5-4 潜水靴

图1-5-5 潜水手套

浮力调整器（图1-5-7）又称BCD背心，是近年来国际上流行的潜水浮力调整装置，在水下时，通过以中压管与气瓶连接的充排气装置微调BCD内的空气来实现最佳的浮力状态，使潜水员可以在任何深度保持中性浮力，可兼有水中救生的用途。背板使用网状面料，两侧配有备用二级头口袋。内层由牢固面料制成，腰部区使用柔和的网状面料，肩带与腰部相连。新型浮力背心配有独特设计系统，配有红色松紧绳，从而简化和保障浮力的控制。新型配重袋配有塑料衬垫，使其装入后牢固坚实，便于插入和取出。新设计中采用了标准搭扣，以确保牢固扣住，应急释放时也便于快速使用。排气阀经改造，气流通道横断面增加 15%，以便对操作做出更好的反应。采用增强性缝纫线，使系统重量减轻，体积更小。由于外形改进，牵绳旋钮更易于抓住和拉动。

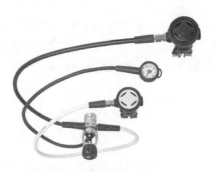

图1-5-6 呼吸调节器

图1-5-7 浮力调整器

二、潜水服

图1-5-8为湿式潜水衣，以氯丁二烯橡胶（又称发泡橡胶）和化纤面料制成。潜水衣的作用首先是防止体温的大量散失，起到保持体温的作用。深水中的温度比较低，寒冷可能会造成疲倦、反应迟钝、肌肉疼挛等症状。因此，需要厚度适宜、合身的潜水衣；其次，潜水衣能保护潜水员的皮肤免受碰伤及擦伤，同时还具有一定的浮力。

图1-5-9为干式潜水衣，用三层高密度材料制成，具有耐穿、快干、轻质等特点。配置平衡阀门，可充入或释放气体平衡压差，更好地掌控浮力和增强舒适度。套筒式躯干，弹性吊索和裆带，易穿并且定型。干式拉链提供更好的干式密封，提高潜水舒适度和行动自由度。

图1-5-8 湿式潜水衣

配置长形胸前对角干式拉链，方便穿着，干式拉链外有尼龙层覆盖保护。大腿处设计了方便实用的口袋。下臂有工字形安全防护带，可以确保电脑表的安全。双层衣领，具有更好的保暖效果，外层对内层乳胶起到很好的保护作用。配备氯丁橡胶短袜，可以单独穿，也可以配湿式或干式潜水鞋穿。

图1-5-9　干式潜水衣

图1-5-10　半干式潜水衣

图1-5-10 为半干式潜水衣，采用7.5mm 氯丁橡胶材料制成，具有特别舒适、穿着简便等特点。干式拉链，提供更好的干式密封，预防冷水侵入，提高潜水舒适度和行动自如度。右腿口袋，配有大尺寸内部 D 形环，以增强总体方便性。肩膀和座位部位采用了耐磨材料制成，经久耐用。附加一个分体式头套。

三、潜水头盔

潜水头盔是为消防员进行水下作业时提供头部保护的水下防护装具。带有呼吸保护装具的潜水头盔由呼吸系统、口鼻耳罩和排水系统三部分组成，可供消防员在水下救援时使用。无呼吸保护装具的潜水头盔具有泄水孔，便于消防员在水上救援时使用。

四、水下通信设备

（一）QXD-201型潜水有线电话

QXD-201型潜水有线电话是一种可供多位潜水员作业时进行对话，并可伴有背景音乐的潜水通信设备。潜水监督能和三路潜水员同时通话，亦可与其中一路潜水员单独通话，也可实现三路潜水员之间的两两通话。该机由微电脑（CPU）操作控制，大屏幕彩色荧光显示，各有先进数码通话系统，能对各种情况下的通话进行录音，是一种较为理想的工程潜水通信设备。

（二）QD103型潜水对讲电话

QD103型潜水对讲电话是小型手握式有线潜水对讲电话。适用于小于60m水深范围内的潜水作业对讲和其他水上范围的有线对讲，具有美观小巧、手握方便、音质响亮清晰、操作简单、性能可靠不受干扰等优点．可以配备外接直流电源。

五、水下破拆工具

（一）潜刀

潜刀（图1-5-11）是潜水员在水下解除鱼线、渔网或海藻的缠绕和防身的工具。潜刀通常用不锈钢制成，同时具有切削刃和锯齿刃，并配有可绑缚的刀鞘。潜水刀通常戴在腿侧，也可配在臂侧。

（二）水下快速切割器

水下快速切割器包括潜水剪、水下电焊把和水下割刀（在水下进行电氧切割的工具）等。

（三）水下液压工具

水下液压工具包括 HP-1 液压动力站、CO23 圆盘锯（用于切割金属、沥青、混凝土，转速：3600r/min，可

图 1-5-11　潜刀

工作于水深大于 30m 处）、和 DS11 金刚石链锯（用于切割钢筋混凝土，最大切深 457mm，可工作于水深大于 30m 处）和 BR-45 击碎器（以 50～125J 的动能和 1400 次/min 的高频击碎混凝土，可工作于水深大于 30m 处）。

六、其他水下工具

潜水电脑（图 1-5-12）是一款腕式潜水电脑，潜水员可以享受大尺寸、易于阅读的显示屏和其他大量功能。当中包括潜水模式、闭气模式、计时器和专利的行程计数器。此表在水下非常易于阅读。配有计数器，跟踪记录手腕或脚踝的晃动同时计算距离。仪表模式会显示一个可以让潜水员随时重设的不断更新的平均深度。独立秒表，可在潜水模式和仪表模式下运作。支持最大深度：120m。

三联表（图 1-5-13）为一款带有黄铜外壳压力表、容易阅读的深度计和指北针的三表式仪表组。

潜水手电（图 1-5-14）为铝合金外壳，具有较轻重量。潜水手电除了照明之外还可用来发出求救等灯光信号。防水深度达到 300m。

图 1-5-12　潜水电脑

图 1-5-13　三联表

图 1-5-14　潜水手电

绞线轮（图 1-5-15）是适合搜索与寻回以及洞穴潜水必备的潜水器材，确保潜水员能够安全地返回洞穴入口。高耐磨阳极化处理金属框架以及尼龙玻璃纤维线轮和握把，可保证其使用寿命并保持轻便、耐磨。可折叠式把手可使潜水员保持流线型，中心平衡式线轴可在收放绳线时轻松自如，并减少拖曳和缠绕的发生。可调整线轮阻力，以防止断线或绳线飞散的情况。快速调整特性可在自由放线和常规放线间切换。柔软的线绳绞盘不伤器材。含长度为80m、直径为2mm尼龙线以及头部可 360°自由旋转的挂钩一个。

水面浮标（图1-5-16）为 PVC 浮标志，充气方便。装在侧面有网的袋子中，网袋上配有塑料夹子，便于别在 BCD 上。下端开口设计，备用气源或口吹方式充气。

图1-5-15　绞线轮

图1-5-16　水面浮标

思 考 题

1. 消防员水下保护器具分为哪些种类？
2. 各类消防员水下保护器具的用途是什么？

第二章

灭 火 器 具

第一节　吸 水 器 具

● 学习目标

1. 掌握消防吸水胶管及吸水附属器具的作用。
2. 熟悉滤水器中单向阀的作用。

一、消防吸水胶管

消防吸水胶管是把水从天然水源或室外消火栓引向水泵的输水管，要求耐压强度高、挠性好、吸水阻力小、便于展开。

（一）消防吸水胶管分类

1. 按内径分类

我国消防吸水胶管按内径分为 50mm、65mm、80mm、90mm、100mm、125mm、150mm 七种规格，每种规格吸水胶管按工作压力分为 0.3MPa 和 0.5MPa 两类，常用的为 100mm。

2. 按在消防车上的放置形式分类

可分为直管式和盘管式，直管式消防吸水胶管的长度有 2m、3m、4m 三种，盘管式消防吸水胶管的长度有 8m、10m、12m 三种，胶管长度公差应为胶管长度的±2%，目前，我国消防吸水胶管的产品标准主要执行 GB 6969—2005《消防吸水胶管》。

（二）消防吸水胶管的构造

消防吸水胶管主要由内胶层、增强层、外胶层组成。内胶层由耐水天然或合成橡胶组成，内表面光滑；增强层由夹布层和螺旋形加强骨架组成，提高了吸水管的强度和刚性，使吸水管具有抗真空变形、耐正压和改善弯曲的性能；外胶层由天然或合成橡胶组成，外表面可以呈波纹状，还可选用金属或其他适当材料的外铠螺旋线。内胶层起光滑和减阻作用，外胶层起耐磨作用。

二、吸水管接口

吸水管接口是用于消防吸水胶管之间连接或消防吸水胶管与其他设备连接的接头，目前国内常用的为螺纹式接口，但近几年在某些场合开始使用内扣式接口。在一些特殊场合还有使用卡式吸水管接口的。使用的内扣式接口和卡式接口也应符合相应的接口标准。

螺纹式吸水管接口，每副接口有内螺纹接口、外螺纹接口各一个。外螺纹接口可接滤水器，内螺纹接口可连接水泵或消火栓。

螺纹式吸水管接口由雄接头、雌螺环、胶管接头与垫圈等零部件组成。

螺纹式吸水管接口的材料采用EL104号铝合金，外观光洁，表面阳极氧化处理。组合后应按要求进行密封和强度试验。

三、吸水附属器具

（一）滤水器和滤水筐

1.滤水器

滤水器是指消防水泵或消防车从水源吸水时，安装在吸水胶管末端，阻止杂物进入水泵的消防器具。

滤水器由滤网和单向阀等主要部件组成。单向阀的作用在于：水泵吸水时，水自下把阀门顶起进入吸水管路内；水泵停止时，吸水管路内的水，以自身重量将阀门关闭，把水截止在水泵和吸水管路内。水泵短时停机，重新启动时，可直接吸水，不需要再进行排气引水。如果不需要继续吸水，可以提起单向阀，将水从消防吸水胶管中放出。

2.滤水筐

滤水筐是用藤条或聚乙烯编织的筒状物，进口部分缝以帆布或胶布。

另外，也有使用拧入消防吸水胶管端阳极接口螺纹中的筒状网，其材料可采用金属或合成树脂。

（二）支垫器具

支垫器具的作用是防止消防吸水胶管跨越水池、海堤、河堤、桥的栏杆等障碍物时过度弯曲。主要有：

（1）三脚架。用时将消防吸水胶管架于上边缺口中，通过螺杆调节高低位置。

（2）垫木。垫木上开有圆形沟槽，其上带有软管夹箍。

（3）拉索。拉索的一端固定在滤水器根部，另一端固定在消防车上，用于消防吸水胶管的投入和撤回，以保护消防吸水胶管不受水的流速影响，防止由于消防吸水胶管的自重而造成吸水口等损伤。

（三）吸水胶管扳手

吸水胶管扳手是装卸消防车吸水胶管的工具。其技术规格应符合表2-1-1规定。

表2-1-1 吸水胶管扳手技术规格要求

型　号	外形尺寸(长×宽×高)/mm	质量/kg
FS400	400×107×12	0.9
FS125	414×125×11	1.0

四、吸水器具的使用与管理

（一）使用要求

（1）为防止吸水胶管的变形或损伤，应使用垫木、拉索、三脚架等消防吸水胶管保护器具。

（2）在安装消防吸水胶管时，其弯曲处不应高于水泵的进水口，以免出现空气影响吸水。

（3）敷设消防吸水胶管时，应使管线尽量短直，避免骤然折弯。

（4）使用时必须将接口紧密连接，以防漏气。

（5）水泵离水面的垂直距离尽可能小，以减小吸水阻力。

（6）不要在地面上硬拖硬拉，以免损伤消防吸水胶管。

（7）不能接触腐蚀性化学物品，以防止其变质。

（8）露天水源取水时，滤水器距离水面的深度至少为20~30cm，以防止在水面出现漩涡而吸入空气；从河流取水时，应顺水流方向投入吸水管；从消火栓取水时，应缓慢开启消火栓，以减少水锤的冲击力，消防吸水胶管如出现变扁，说明消防车流量超过消火栓供水量，应降低发动机转速，减少水泵流量，取水时，应注意消火栓管网的供水能力。

（9）吸水量大时，可将两根消防吸水胶管并列使用，以减少摩擦损失。

（10）泥水杂物多时，要使用滤水筐，以防止杂物进入吸水管路。

（11）消防吸水胶管使用后应将内部积水排除干净。

（二）维护保养

（1）平时应检查消防吸水胶管连接接头是否松动，有无变形损伤，检查密封垫是否完好。

（2）每次使用后应及时洗净、晒干，如沾上油类等物应及时擦干。

（3）库存消防吸水胶管应放置于板条架上，以便通风，库房内温度应在0~25℃范围内，空气湿度应为80%，不允许烈日曝晒和雨淋。

（4）不能与酸、碱等具有腐蚀性的物质混放。

（5）每隔三个月翻动一次，防止发霉变质。

（6）消防吸水胶管如有破口应及时粘补或用硫化法修理。

思 考 题

1. 消防吸水胶管及吸水附属器具的作用。
2. 滤水器中单向阀的作用。

第二节　输 水 器 具

●学习目标

1. 了解消防水带分类、构造及规格标准。

2. 掌握排吸器的工作原理。

3. 熟悉消防接口的分类。

输水器具是指把消防泵输出的压力水或其他灭火剂送到火场的管线和器具，主要包括消防水带及各种辅助器具。

消防水带和消防软管都是用来输送灭火剂的器材。消防水带以输送液态灭火剂为主，流量大但不能承受过高的压力，也不宜输送气态灭火剂。消防软管可以输送高压的液态、气态和气溶胶状态的灭火剂，但流量小。

一、消防水带

消防水带是一种用于输送水或其他液态灭火剂的软管。消防水带执行国家标准 GB 6246—2011《消防水带》。

（一）分类

（1）按衬里材料可分为：橡胶衬里消防水带、乳胶衬里消防水带、聚氨酯（TPU）衬里消防水带，消防队伍使用的主要为聚氨酯衬里水带。

（2）按耐压等级可分为：工作压力为1.0MPa的消防水带、工作压力为1.3MPa的消防水带、工作压力为1.6MPa的消防水带、工作压力为2.0MPa的消防水带、工作压力为2.5MPa的消防水带和工作压力为4.0MPa的消防水带。

（3）按内口径可分为：内径为 40mm、50mm、65mm、80mm、100mm、125mm、150mm、200mm、250mm 和300mm的消防水带。

（4）按编织层编织方式可分为：平纹消防水带、斜纹消防水带。

为了满足各种特殊使用要求，还出现了一些特殊性能水带：

① 表面包覆水带。表面覆盖胶层或涂塑的水带。

② 双编织层水带。单编织层外侧再覆以圆筒编织层的水带，以防内侧编织层受压力损伤。

③ 湿水带。其衬里为海绵状胶，在一定的水压下能均匀渗水，使带身湿润，在火场起保护作用。

④ 水幕水带。沿水带长度方向每隔30cm开设直径5mm 的小孔，用于防止火灾蔓延和冷却保护。

⑤ 浮式水带。是用相对密度轻的合成纤维作套筒的水带，可浮在水面使用。

还有抗静电消防水带和A类泡沫专用水带等。

（二）构造

消防水带种类虽然很多，但从其结构看，构成水带的要素有下面三个：

1. 圆筒编织层

由经线和纬线组成。纬线越多，破断力越强，耐压越高；经线越多，耐磨损和抗外部损伤性能越好。

2. 衬里

衬里是在编织内层涂覆橡胶（合成橡胶）、乳胶、聚氨酯、PVC等高分子材料，形成不同种类的通用消防水带。

橡胶衬里消防水带的组成：编织内层涂覆橡胶材料（天然橡胶、丁腈橡胶或合成橡胶）。具有耐压高、流阻低、耐候性优良、应用广泛等特点。

聚氨酯衬里消防水带的组成：编织内层涂覆热期性聚氨酯材料。具有耐压高、重量轻、耐寒性优异、使用方便等特点。

乳胶衬里消防水带的组成：编织内层涂覆乳胶材料。具有柔软性好、耐候性优良等特点。

PVC衬里消防水带的组成：编织内层涂覆热塑性聚氯乙烯材料（PVC）。具有重量轻、使用方便等特点。

3. 外包覆层

用橡胶或塑料包覆水带表面，防止圆筒层的磨损和老化，起减少渗水作用。

（三）制作材料

1. 纤维

水带编织层使用的纤维有棉、亚麻、苎麻、维尼纶、尼龙、聚酯等。目前，我国一般均选用涤棉线为经线，150D涤纶长丝为纬线或经纬线。

2. 橡胶

橡胶大体上可分为天然橡胶和合成橡胶，合成橡胶种类很多。水带衬里多使用天然橡胶、苯乙烯、氯丁橡胶、丁腈橡胶、丙烯橡胶等，也有部分使用聚氨酯橡胶。覆盖层以耐候性为主，使用氯丁橡胶、丙烯橡胶、氯磺化橡胶、聚酯橡胶等。另外，也使用聚氯乙烯树脂。

（四）水带应具备的性能

消防水带在消防输水中起着重要作用，要求使用时安全可靠，操作容易，保管省事。因此，水带应具备以下性能。

1. 耐压性

水带在大多数情况下要以0.8~2.5MPa压力送水，这就要求水带具有一定的耐压性，以保证使用中安全可靠。

2. 使用方便

水带的敷设、卷收及修理一般由人力进行，因此重量要轻，体积要小，保管要省事。

3. 耐磨损、防外伤性

水带在路面上拖拉时，由于受到磨损和外伤，致使编织层局部损坏，使水带失去承压能力而向外喷水，这是水带失效的主要原因。因此，耐磨损、抗外伤是与水带寿命直接相关的重要性能。

4. 耐候性和耐寒性

水带在使用过程中要受到日晒、雨淋、高寒，因此，要求水带材料应具有耐候性和耐寒性。

5. 耐热性和耐焰火性

衬里水带由于不漏水，稍大的火渣和余烬散落到水带上，可能烧熔编织层而使强度下降。因此，要求水带具备一定的耐热性、耐焰火性。湿水带就是一种耐热、耐焰火性好的消防水带。

此外，还要求水带应具有一定的耐油性、耐药性、耐腐蚀性等。

（五）水带的水头损失

水带的水头损失主要与水带内壁的粗糙度、水带长度、水带直径、水带敷设及水在水带内的流速有关。

水带的水头损失直接影响水泵的供水高度和距离，因此在选择水带时应尽量采用衬里水带；铺设时应尽量避免骤然打弯；供水量大时，应采用双干线供水，以减少水头损失。

（六）水带的规格标准

水带应严格按照国家标准GB 6246—2011进行制造、检验。单根水带标准长度为20m，但为室内消火栓配置的水带，长度可为25m。消防水带的型号规格由设计工作压力、内径、长度、编织层材质、衬里材质和外覆层材质组成。水带的规格、性能分别见表2-2-1和表2-2-2。

表2-2-1　衬里水带的规格、性能

规格	性能						
	公称尺寸/mm	单位长度质量/(g/m)	扭转角/[(°)/m]	弯曲半径/mm	工作压力/MPa	试验压力/MPa	爆破压力/MPa
25	25.0	≤180	200	250	0.8	1.2	2.4
40	38.0	≤280	180	500	1.0	1.5	3.0
50	51.0	≤380	140	750	1.3	2.0	3.9
65	63.5	≤480	120	1000	1.6	2.4	4.8
80	76.0	≤600	100	1000	2.0	3.0	6.0
					2.5	3.5	7.5

表2-2-2　湿水带的规格、性能

规格	性能				
	单位长度质量/(g/m)	渗水量/[mL/(m·min)]	基本长度/m	设计工作压力/MPa	最小爆破压力/MPa
40	≤280	100	15	0.8	2.4
50	≤380	150	20	1.0	3.0
65	≤480	200	25	1.3	3.9
80	≤600	250	30	2.5	7.5

（七）水带的使用和管理

1. 使用要求

（1）在使用时应按消防水带上注明的设计工作压力使用，防止过高的压力造成水带破损、损失或缩短水带的使用寿命，并导致人身事故的危险。

（2）水带敷设时应避免骤然曲折，以防止降低耐水压的能力；还应避免扭转，以防止充水后水带转动而使内扣式水带接口脱开。

（3）当水带垂直敷设时，宜在相隔10m左右予以固定，以防止水带断裂贻误战机和砸伤人员。

（4）水带充水后应避免在地面上强行拖拉，特别注意水带与钉、玻璃片等锐器接触。需要改变位置时应抬起移动，以减少水带与地面的磨损。不应V字形拖拉水带，避免磨破水带。

（5）水带应避免与油类、酸、碱等有腐蚀性的化学物品接触。确有需要时，宜采用外覆层水带。

（6）应避免硬的重物压在水带上，车辆需通过敷设的水带时，应事先在通过部位安置水带护桥。

（7）敷设时如通过铁路，水带应从铁轨下面通过。

（8）在寒冷地区建筑物外使用消防水带，应防止水带冻结。

（9）水带用完后应洗净晾干，盘卷保存于阴凉干燥处。

2. 维护保养

（1）所有水带应按质分类，编号造册，存放在专门的储存室。储存室应保持良好通风，并不使日光直接射在水带上。

（2）水带应以卷状竖放在水带架上，每年至少翻动两次并交换折边一次。

（3）水带应有专人负责管理，并经常检查接头是否变形，有无损坏，一旦发现损坏，应及时修补。

（4）水带每次使用时应记录使用场所、水压等，作为分析事故、更新废弃的重要依据。

二、消防接口

消防接口是供消防水带、消防吸水管、消火栓、消防泵或消防枪炮等连接用的附件。

（一）分类

按接口形式可分为内扣式消防接口、卡式消防接口、螺纹式消防接口。按接口用途可分为水带接口、吸水管接口、管牙接口、闷盖、同型接口、异径接口、异型接口等。

管牙接口是主要用于连接消防车出水口和消防水枪的接口，一侧为螺纹接口、一侧为卡式或内扣式接口；闷盖是主要用于保护室内消火栓、室外消火栓和水泵接合器的接口；同型接口主要用于吸水管与消火栓、水带与水带的连接。

（二）使用与维护

（1）经常检查卡式接口卡槽、卡榫是否完整、无裂纹，动作可靠。

（2）使用前必须检查接口内是否有密封圈，密封圈是否完整。

（3）严禁拖拉接口，防止接口剧烈撞击。

（4）使用时应确保接口之间的连接可靠。

（5）不得与酸碱等化学物品接触、混放。

（6）储存时应远离热源，以防密封圈老化。

（7）冬季使用卡式接口时，应注意防止冻结。

三、消防附件

（一）分水器

分水器是从消防车供水管路的干线上分出若干股支线水流的连接器材，它本身带有开关，可以节省开启和关闭水流所需的时间，及时保证现场供水。

（1）我国消防用分水器的材料主要采用铝硅合金，制造工艺主要采用金属模浇铸。目前，国内分水器的国家标准参照 XF 868—2010。

（2）型式和规格　目前我国的分水器主要分为二分水器、三分水器和四分水器，其型式和规格如表2-2-3所示。

表2-2-3　分水器的型式和规格

名　称	进水口		出水口①		公称压力/MPa	开启力/N
	接口型式	公称通径/mm	接口型式	公称通径/mm		
二分水器	消防接口	65	消防接口	50	1.6 2.5	≤200
		80		65		
三分水器		100		80		
		125		100		
四分水器		150		125		

① 公称压力应符合GB/T 1048—2019的要求。

（3）组成　分水器主要由本体、出水口的控制阀门、进水口和出水口连接用的管牙接口、密封圈等组成。

（4）使用与维护　使用分水器之前，要检查分水器的接口是否完好，开关转动是否灵活。使用时要轻拿轻放，防止损坏。严冬要设法保温，防止冻结失灵。使用后要用清水洗净擦干，保持光亮，开关处加注润滑油，以备再用。存放时不得与酸碱等化学物品混放。

（二）集水器

集水器主要用于吸水或接力送水，它可把两股以上水流汇成一股水流。集水器有两种型式，即进水端带单向阀和进水端不带单向阀的。

我国消防用集水器的材料主要采用铝硅合金，制造工艺主要采用金属模浇铸。

1. 型式和规格

集水器的型式和规格如表2-2-4所示。

表2-2-4　集水器的型式和规格

名　称	进水口		出水口		公称压力/MPa	开启力/N
	接口型式	公称通径/mm	接口型式	公称通径/mm		
二集水器	消防接口	65	消防接口	80	1.0	≤200
三集水器		80 100		100 125	1.6	
四集水器		125		150	2.5	

2. 组成

集水器主要由本体、控制阀门（单向阀或球阀）、进水口、出水口、密封圈等组成。

3. 使用与维护

使用时轻拿轻放，不得摔压，防止因变形而影响连接。使用后要用清水洗净擦干，保持光亮，以备再用。接口应接装灵活，松紧适度。要经常检查进水口、出水口的橡皮垫圈。发现损坏，要及时调换。进水口的单向阀向两面摆动灵活，各部不得有断裂和变形现象。存放时，不得与酸碱等化学物品混放，以免腐蚀。

（三）排吸器

排吸器是一种水流喷射泵，其结构见图2-2-1所示。来自水泵的压力水从喷嘴高速喷出时，在喷嘴附近产生负压，外界的水在大气压力的作用下经吸水口进入真空室，从而实现排水。

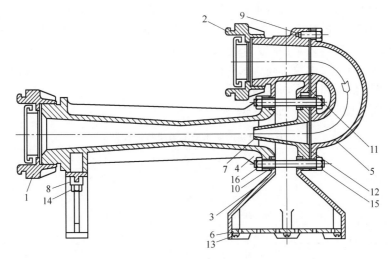

图2-2-1 排吸器

1—65管牙接口；2—50管牙接口；3—本体；4—扩散管；5—弯管；6—滤板；7—喷嘴；8—底架；
9，14，15—螺栓；10—本体垫圈；11—弯管垫圈；12—喷嘴垫；13—螺钉；16—螺母

排吸器主要用于排除地下室、地窖和低洼地面积水，也可与水泵配合用于吸水；当水温超过60℃水泵无法吸水，水不干净，水较少时，可用排吸器吸水或排水。

思 考 题

1. 消防接口的分类。
2. 掌握排吸器的工作原理。

第三节 射 水 器 具

● 学习目标

1. 掌握消防水枪的分类及类组特征代号；
2. 掌握消防水炮的分类、操作使用及维护保养；
3. 掌握消防软管卷盘分类、构造及性能要求。

射水器具是把水按需要的形状有效地喷射到可燃物上的灭火器具，包括消防水枪、消防水炮和消防软管卷盘。

一、消防水枪

（一）消防水枪的型式

1. 型式

消防水枪按射流型式分为直流水枪、喷雾水枪、直流喷雾水枪和多用水枪；按工作压力分为低压水枪（0.2~1.6MPa）、中压水枪（1.6~2.5MPa）、高压水枪（2.5~4.0MPa）。低压水枪流量较大，射程较远，是扑救大中型火灾的主要水枪。高压水枪可以提供更高雾化程度的水射流，机动性强，灭火效率高，水渍损失小，但射程较近，适用于火场内攻作业。中压消防水枪则兼顾了低压和高压水枪的特征。

消防水枪的类组特征代号见表2-3-1。

表2-3-1　消防水枪的类组特征代号

类别	组	特征	代号	代号含义	主参数含义
消防水枪（Q）	直流水枪Z（直）		QZ	消防直流水枪	当量喷嘴直径
		开关（G）	QZG	消防开关直流水枪	
	喷雾水枪W（雾）	机械撞击式J（击）	QWJ	消防撞击式喷雾水枪	
		离心式L（离）	QWL	消防离心式喷雾水枪	
		簧片式P（片）	QWP	消防簧片式喷雾水枪	
	直流喷雾枪L（直流喷雾）	导流式D（导）	QLD	导流式直流喷雾枪	
		球阀转换式H（换）	QLH	球阀转换式直流喷枪	
	多用水枪D（多）	球阀转换式H（换）	QDH	球阀转换式多用水枪	

2. 型号编制

消防水枪型号由类组代号、特征代号、额定喷射压力和额定流量等部分组成。

型号中的额定流量除喷雾水枪为喷雾流量外，其余均为直流流量。

（二）直流水枪

1. 用途

直流水枪喷射的水流为柱状、射程远、流量大、冲击力强，用于扑救一般固体物质火灾，以及灭火时的辅助冷却等。

2. 结构

直流水枪由枪筒、喷嘴和接口组成。枪筒是把水带送来的水加以整流、增速并送到喷嘴的部件。一般用锥形管制作，有的枪管内还装有导流叶片。常见的导流叶片有管束式、中心管式、井字式和三棱片式。导流叶片的作用是消除枪管内的横向水流和旋转水流，使枪内的紊流趋向匀流状态，以提高水流的密集度，增加射程。

喷嘴有13mm、16mm、19mm、22mm等几种口径。目前，消防队伍普遍使用的是19mm口径的水枪。

直流水枪可分为无开关直流水枪、直流开关水枪和直流开花水枪。其中，直流开花水枪使用时，利用手柄调节水枪的开关，旋转水枪前端转圈，可单独和同时喷射出直流水流和伞状开花水流。伞状开花水流起自卫作用，直流水灭火，因此也叫自卫水枪。

3. 主要性能参数

直流水枪在额定喷射压力时，其额定流量和射程应符合表2-3-2的规定，几种常用直流水枪的主要性能参数见表2-3-3。

表2-3-2 直流水枪的性能参数要求

接口公称通径/mm	当量喷嘴直径/mm	额定喷射压力/MPa	额定流量/(L/s)	流量允差	射程/m
50	13	0.35	3.5	±8%	≥22
	16		5		≥25
65	16		5		≥25
	19		7.5		≥28
	22	0.2	7.5		≥20

表2-3-3 几种常用直流水枪的主要性能参数

型号	进水口径/mm	出水口径/mm	外形尺寸(外径×长度)/mm	射程/m	质量/kg
QZ13	—	13	—	≥22	—
QZ16	50	13,16	—	26,32	0.72
QZ19	65	16,19	111×337	32,36	0.93
QZ19A	65	19	110×520	≥38	1.32
QZG19	65	19	111×445	≥35	2.0

4. 使用注意事项

（1）使用时，开关动作应缓慢进行，以免产生水锤现象，造成水带破裂危及消防员安全。

（2）使用直流水枪灭火，变更射流方向时应缓慢操作，最好配备可克服反作用力的肘形接口，以减小水枪射流反作用力的影响。

（3）直流水枪的有效射程是有一定限度的，一般直流水枪的工作压力大于0.70MPa以后，有效射程的增加趋于缓慢了。因此，在火场上使用水枪时，其工作压力不宜超过0.70MPa。

（4）直流水枪的有效射程，可根据火灾危险类别、辐射热大小等火场具体情况确定。扑救室内一般火灾，有效射程不宜小于10m；在火灾危险类别较低、火灾辐射热较小的场所，有效射程不宜小于7m；重要建筑或火灾危险较大的场合，有效射程不宜小于13m；扑救室外火灾时，有效射程不宜小于10m，亦不宜大于17m，一般取15m；在扑救和冷却石油化工火灾时，有效射程不应小于17m。

（三）直流喷雾水枪

直流喷雾水枪是指既能喷射充实水流，又能喷射雾状水流，并具有开启、关闭功能的水枪，又称两用水枪。直流喷雾水枪主要由枪体、喷嘴、球阀和接口等组成。根据直流-喷雾调节机构类型不同，直流喷雾水枪可分为球阀转换式直流喷雾水枪和导流式直流喷雾水枪。直流喷雾水枪在额定喷射压力时，其额定流量（对于第Ⅲ类直流喷雾水枪调整到最大流量刻度值，对于第Ⅳ类直流喷雾水枪调整到最大直流流量）和直流射程应符合表2-3-4的要求。

表2-3-4　直流喷雾水枪的性能参数要求

接口公称通径/mm	额定喷射压力/MPa	额定流量/(L/s)	流量允差	喷雾射程/m
50	0.60	2.5	±8%	≥10.5
		4		≥12.5
		5		≥13.5
65		5		≥13.5
		6.5		≥15.0
		8		≥16.0
		10		≥17.0
		13		≥18.5

1. 球阀转换式直流喷雾水枪

这种水枪是在开关水枪的基础上，在控制开关球阀上装上导流器，导流器一端为平直形，另一端为扭曲状。转动球阀，当平直形导流叶片向着出口方向时，水流形状为直流，即手柄指向水枪出口是"直流"；当扭曲叶片一边向着开口方向时，喷出的水流呈雾状，即手柄指向水枪进口是"喷雾"；手柄垂直水枪轴线是关闭状态，如图2-3-1所示。

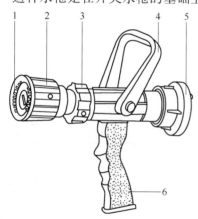

图2-3-1　QLD8FA型直流喷雾水枪

1—旋转喷雾齿；2—塑胶护套；3—流量调节开关；
4—阀门手柄；5—水带接口；6—手柄

2. 导流式直流喷雾水枪

导流式直流喷雾水枪使用时拉动转换扳手，枪轴前端的密封面脱离喷头内的接触面，打开水流通路；松开转换扳手，密封面接触，喷头关闭。从关闭状态拉动扳手于一定位置时，打开的喷头内的水流经过枪轴前端形成的螺旋间隙，产生旋转，在喷头内涡流室受到加速，从喷头端以集束直流射出。

图2-3-1为QLD8FA型直流喷雾水枪，主要适用于各种火场的消防灭火和降温，能有效地保护消防人员的安全。

QLD8FA型直流喷雾水枪的性能参数见表2-3-5。

表2-3-5　QLD8FA型直流喷雾水枪的性能参数

接口公称通径额定值	额定压力/MPa	工作压力范围/MPa	流量/(L/s)		直流射程/m	雾化角
			额定值	允差		
DN50 或 DN65	0.6	0.2～0.8	2	±8%	≥22	≥0°～120°
			4		≥26	
			6		≥32	
			8		≥36	

3. 直流喷雾水枪的使用注意事项

（1）利用雾状水流扑救一般火灾时，喷雾角不应过大，以30°～50°为宜。扑救强酸、强碱及可燃粉尘场所火灾时，应适当扩大雾化角，减小冲击力，防止飞溅事故发生。扑救电器火灾时，应有正确的战术和可靠的安全措施。

（2）扑救液体流淌火灾时，雾状水流应保持一定的俯射角，要按先近后远的顺序沿油面逐渐推进，以免射流在整个燃烧面上快速游移而降低乳化的效果。

（3）扑救气体火灾时，要使雾状射流横向切割火焰根部，以达到切割火焰的效果。当气体压力较高时，应使雾状水流具有一定的斜角（即沿火焰根部向火焰区倾斜），以减小高速气流的影响。

维护保养：

（1）直流喷雾水枪各旋转部位可每月加数滴20号机油，保证旋转灵活。

（2）直流喷雾水枪各旋转部位有卡阻现象时可在旋转部位滴煤油进行清洗。方法为边旋转，边滴煤油，清洗完毕后即加入20号机油。

（四）中压水枪

中压水枪具有直流和喷雾功能，由于喷射压力高，与常压水枪相比具有更理想的雾化性能。

中压水枪主要由喷嘴、枪筒、手柄、扳机和枪托等组成。

水流进入水枪后，通过开关阀片和枪体，在导流叶的稳定作用下和螺旋叶的离心作用下，呈雾状水喷射。转动手柄，使偏心带动导流叶移动，封闭雾状水出口，这时水流则从导流叶通过，形成直流水喷出。

中压水枪在额定喷射压力时，其额定直流流量和直流射程应符合表2-3-6的规定，其最大喷雾角时的流量应不超过额定直流流量的50%。

表2-3-6　中压水枪性能参数表

进口连接（两者取一）		额定喷射压力/MPa	额定直流流量/(L/s)	流量允差/%	直流射程/m
接口公称通径	进口外螺纹				
40mm	M39X2	2.0	3	±8	≥17

（五）高压水枪

高压水枪与高压消防泵配套使用，具有直流和喷雾功能。与中压水枪相比，在更高的喷射压力下可以形成更理想的雾状射流，具有更高的灭火效率和最小限度的水渍损失、耗水量。当高压水流从调节手柄进入阀射出，水流被阀芯的螺旋叶导流产生离心力，即可作雾状喷射。转动调节手柄带动阀门移动，水流从导流叶的外部流向喷嘴，则形成直流喷射。

中压水枪在额定喷射压力时，其额定直流流量和直流射程应符合表2-3-7的规定，其最大喷雾角时的流量应不超过额定直流流量的50%。

表2-3-7　高压水枪性能参数表

进口外螺纹	额定喷射压力/MPa	额定直流流量/(L/s)	流量允差/%	直流射程/m
M39X2	3.5	3	±8	≥17

（六）超高压灭火破拆枪

超高压灭火破拆枪系统与超高压细水雾切割灭火系统配套使用。

该系统利用超高压水泵可将水压增至30MPa，在喷射时，形成具有较强灭火功能的细水雾；此外也可在系统的水中加入研磨剂，通过喷嘴喷射时，可形成锐利的射流，该射流则具有迅速切割水泥和钢材等构筑物的优越性能。

该系统体积小，可以方便地安装在消防车上使用。系统整合了灭火与破拆两种功能，具有破拆灭火迅速、高效、省水、操控灵活的特点。

二、消防水炮

消防水炮是指设置在消防车顶、地面、船舶及其他消防设施上的喷射炮，当发生大规模火灾时，由于会产生强烈的热辐射和热气流、浓烟，并且存在建筑物坍塌等危险，使消防队员难以接近火点实施射水活动；同时，当有大风或火场产生上升气流时，水流会被冲散。在这些情况下，需要采用高压、大水量、远射程的射流进行灭火活动。由于这时射流反作用力大，利用人力操作枪身是十分困难的，须使用消防水炮进行灭火。

消防炮是一种水流量大于16L/s的喷射器具。

（一）消防水炮的分类

消防水炮按安装移动形式可分为固定式和移动式两类；按控制方式可分为手动、电控和液控三类；按水射流形式分为直流水炮和直流喷雾水炮，根据炮座流道分为双弯管消防水炮和单弯管消防水炮。水炮执行标准GB 19156—2019《消防炮》。

（二）典型水炮介绍

1. PSY40、PSD40多功能水炮

用于扑救一般固体物质火灾，适合于安装在消防车、消防艇、输油码头等场所，分为固定式和移动式。

该水炮流量配套范围广、射程远、功能多，具有直流、喷雾和自卫水幕功能，可实现直流至90°水雾射流的无级调节，操作灵活方便。

多功能水炮的结构见图2-3-2，主要由操纵手柄、台座、回转锁定柄、双分水管、射水口集水弯管、可调节喷头、双手柄、压力表等组成。

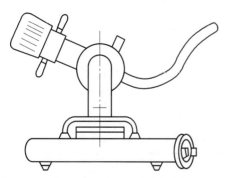

图 2-3-2　PSD 型多功能水炮

该水炮在使用时，应根据消防水泵供水量，将水炮流量配套指示调到相应值后不得随意变动；根据火场实际要求，转动炮头上的双手柄，即可调节射程和雾化角，转动操纵把，调节好炮口位置，紧固即可。

2. SP32型水炮

SP32型水炮系利用操纵杆控制仰俯和水平旋转，可装载于消防车上，也可固定于灭火系统上。该水炮有22mm、28mm、35mm三种口径，相应流量为22L/s、28L/s、35L/s。

3. SP60型水炮

该水炮可装载于消防车、消防艇、油灌区等场所，作为远距离扑救一般固体物质火灾或油罐冷却器材。

（三）消防水炮的主要技术性能参数

常用国产消防水炮的主要技术性能参数见表2-3-8。

表2-3-8 消防水炮的主要技术性能参数

流量/(L/s)	额定工作压力/MPa	射程/m	流量允差/%
20		≥50	
25	0.6	≥55	
30	0.8	≥60	
40	1.0	≥65	
50		≥70	
60		≥75	
70	0.8	≥80	+10
80	1.0	≥85	
100	1.2	≥90	
120		≥95	
150	1.0	≥100	
180	1.2	≥105	
200	1.4	≥110	

（四）消防水炮的使用与维护

1. 使用方法

（1）启动供水设备，开启相应的管路阀门。

（2）调整消防水炮射流的水平角度、俯仰角度及直流/喷雾状态，进行灭火作业。

（3）灭火作业结束后，应冲洗消防炮内流道，冲洗后应将系统阀门恢复至使用前的启闭状态。

（4）移动式消防水炮供水前应检查各支脚应可靠着地，供水时应缓慢升压，条件允许时应用安全带将炮座与构筑物拴紧，以防炮体在喷射时倾翻或后移。

（5）若使用电控、电-液控、电-气控消防水炮，应通过操作面板控制消防水炮回转角度。

（6）使用电控、电-液控、电-气控消防水炮时，当电气设备失灵时，可以通过手动装置对消防水炮进行操作。

2. 日常维护

（1）保持炮体清洁，防止生锈与意外损坏。

（2）对炮座回转节定期检查和更换润滑油脂，保持炮体转动灵活。

（3）定期检查喷嘴，防止杂物堵塞。

（4）对于配有电池的电控式消防水炮，应定期检查蓄电池，电容量不足时应及时充电。

（5）对于电控式、电-液控式、电-气控式消防水炮，应定期检查电气线路、电-液系统和电-气系统，保持控制系统的正常状态。

（6）定期检查移动式消防水炮支脚着地端，使其保持尖锐状态，若磨平应及时更换。

三、消防软管卷盘

消防软管卷盘是一种输送水、干粉、泡沫等灭火剂，供一般人员自救室内初期火灾或消防员进行灭火作业的一种消防装置，它广泛用于建筑楼宇、工矿企业、消防车等场所和装备上。消防软管卷盘应符合国家标准GB 15090—2005《消防软管卷盘》的规定。

（一）分类

按使用灭火剂种类可分为：水软管卷盘、干粉软管卷盘、泡沫软管卷盘等。

按使用场合可分为：车用软管卷盘、非车用软管卷盘。

（二）组成

消防软管卷盘由输入阀门、卷盘、输入管路、支承架、摇臂、软管及喷枪等部件组成。

（三）主要技术要求

1. 喷射性能

软管卷盘的喷射性能应符合表2-3-9中的要求。

表2-3-9　消防软管卷盘规格性能

软管卷盘类别	规格	额定工作压力/MPa	喷射性能试验时软管卷盘进口压力/MPa	射程/m	流量	备注
水软管卷盘	0.8	0.8	0.4	≥6	≥24L/min	非消防车用
	1.0	1.0				
	1.6	1.6				
	1.0	1.0	额定工作压力	≥12	≥120L/min	消防车用
	1.6	1.6				
	2.5	2.5				
	4.0	4.0				
干粉软管卷盘	1.6	1.6		≥8	≥45kg/min	非消防车用
				≥10	≥150kg/min	消防车用
泡沫软管卷盘	0.8	0.8		≥10	≥60L/min	非消防车用
	1.6	1.6		≥12	≥120L/min	非消防车用

2. 密封性能

软管卷盘在额定工作压力下进行水压密封试验，任何部位均不得渗漏，软管缠绕轴应不发生明显变形。试验后软管卷盘应能正常使用。干粉软管卷盘在额定工作压力下还应进行气密性试验，任何部位均不得漏气，软管缠绕轴应不发生明显变形。试验后软管卷盘应能正常使用。

3. 耐压性能

软管卷盘应进行耐压试验。试件在1.5倍额定工作压力下，各零部件不得产生影响正常使用的变形和脱落。试验后软管卷盘应能正常使用。

4. 耐腐蚀性能

软管卷盘应进行盐雾腐蚀试验。试验后试件表面应无起层、剥落或肉眼可见的点蚀凹坑。试验后软管卷盘应能正常使用。

5. 抗载荷性能

软管卷盘应进行抗载荷试验。试验后其密封性能应符合相应规定。

6. 转动性能

软管卷盘转动的起动力矩应不大于20N·m。

7. 喷枪性能

（1）喷枪应带有开关，"开"与"关"的转换功能应由一个动作完成。

（2）使用水的喷枪应为直流型或直流喷雾混合型。

（3）喷枪的螺纹应符合内螺纹7H级、外螺纹8g级的要求。螺纹应表面光洁、牙型完整。

（4）喷枪在软管卷盘1.5倍额定工作压力下不得产生明显变形或断裂现象。

（5）喷枪应按规定进行跌落试验，试验后喷枪应无碎裂和变形现象并能正常使用。

8. 软管性能

（1）组成　消防软管由内胶层、骨架层和外胶层组成。

① 内胶层处于管壁的最里层，它具备耐管内流过的物料的化学物理作用。具有胶层耐温性能好、防腐性能优越、耐酸、耐碱、抗磨蚀等特点。

② 骨架层采用合成纤维等纺织纱线或高强度的单纤丝帘线材料，通过针织、编织、缠绕、围织而成。起到了增强软管耐压性能。

③ 外胶层是软管的外保护层，它具有耐温、耐磨损、抗割、耐潮、耐化学腐蚀等特点。

（2）主要技术要求

① 在3.0倍额定工作压力下，不得有破裂和异形现象。

② 在额定工作压力下，外径膨胀率应在5%～7%范围内。

③ 在额定工作压力下，轴向伸长率应在6%～10%范围内。

④ 经过弯曲试验后，其外径增加率不得大于初始值的10%。

⑤ 软管应进行低温试验，试验后软管应能立即展开，无卷曲现象，并能再次缠绕，且在额定工作压力下无渗漏。

⑥ 软管外表应无破损、划伤、局部隆起。

9. 结构要求

（1）软管卷盘应有清除通路内残留灭火剂的装置。

（2）软管卷盘旋转部分应能绕转臂的固定轴向外作水平转动和摆动，且摆动角应不小于90°。

（3）进口阀的开启和关闭方向应有明显的标志。

（4）软管与卷盘的连接应保证软管缠绕时，靠近连接部位的软管不扁瘪。

10. 外观质量

软管卷盘表面应进行耐腐蚀处理，涂漆部分的漆层应均匀，无明显的划痕和碰伤。焊缝应平整均匀、焊接牢固，应无烧穿、疤瘤等。

思 考 题

1. 消防水枪的分类及工作原理。

2. 消防水炮的分类、操作使用及维护保养。

第四节　空气泡沫灭火器具

学习目标

1. 掌握空气泡沫灭火器具的分类及类组特征代号。
2. 掌握空气泡沫比例混合器的分类、构造、工作原理及使用注意事项。
3. 掌握泡沫喷射器具的分类、构造及工作原理。

空气泡沫灭火器具是扑救油类火灾的主要设备。如果喷射抗溶性泡沫，也可用于扑救水溶性液体火灾。

空气泡沫灭火器具一般装备于消防队伍以及石化企业、炼油厂、贮油罐区、飞机库、地下设施、油轮及海上钻井平台等场所。

一、空气泡沫灭火器具的分类

按空气泡沫灭火器具的主要功能可分为泡沫比例混合器具、泡沫产生器具及泡沫喷射器具。

（一）泡沫比例混合器具

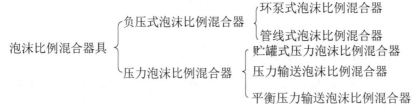

泡沫比例混合器具 {
　负压式泡沫比例混合器 {
　　环泵式泡沫比例混合器
　　管线式泡沫比例混合器
　}
　压力泡沫比例混合器 {
　　贮罐式压力泡沫比例混合器
　　压力输送泡沫比例混合器
　　平衡压力输送泡沫比例混合器
　}
}

（二）泡沫产生器具

泡沫产生器具 {
　低倍数泡沫产生器
　中倍数泡沫发生器
　高倍数泡沫发生器
}

（三）泡沫喷射器具

泡沫喷射器具 {
　泡沫枪 {
　　背负式泡沫枪
　　手提式泡沫枪
　}
　泡沫炮 {
　　固定式泡沫炮
　　移动式泡沫炮
　}
　泡沫钩管
}

二、空气泡沫比例混合器

空气泡沫比例混合器是安装在消防车水泵上或各种消防泵上的附件，能按配用的泡沫发射器具的流量，吸取6%或3%的泡沫液与水混合，供给空气泡沫产生器或空气泡沫喷射器具，产生泡沫进行灭火。

空气泡沫比例混合器按其吸取泡沫液的压力不同，可分为负压式空气泡沫比例混合器和压力空气泡沫比例混合器。下面以负压式比例混合器加以介绍。

（一）环泵式泡沫比例混合器

1. 构造原理

环泵式泡沫比例混合器主要由调节手柄、指示牌、阀体、调节球阀、喷嘴、混合室和扩散管等部分组成，如图2-4-1所示。混合器的进口与消防水泵出口连接，混合器出口与水泵入口相连，形成环形回路，如图2-4-2所示。当有压力水进入混合器后，以高速从喷嘴喷出进入混合室，由于射流质点的横向紊动扩散作用，将泡沫吸入管的空气带走，管内形成真空，泡沫液被吸入。两股流体在扩散管前喉管内混合并进行能量交换，其流速趋于一致，通过扩散管继续混合输出。

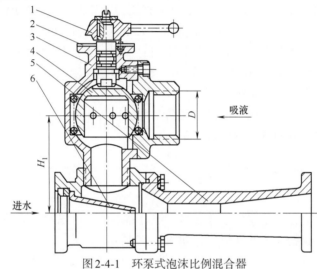

图2-4-1　环泵式泡沫比例混合器

1—手柄；2—批示牌；3—阀体；4—调节球阀；5—扩散管；6—喷嘴

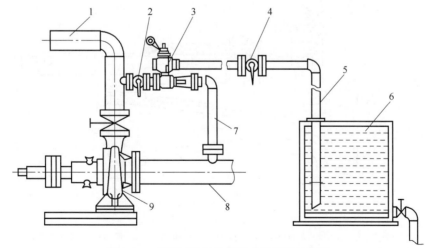

图2-4-2　环泵式泡沫比例混合器连接结构图

1—泡沫混合液管；2—进水阀；3—比例混合器；4—吸液阀；5—吸液管；
6—泡沫液罐；7—出口管；8—水泵进水管；9—消防水泵

调节球阀上有控制吸入空气泡沫液的不同直径的孔，通过调节手柄，可按需要控制空气泡沫液的吸入量。

2. 主要性能参数

环泵式空气泡沫比例混合器的主要性能参数见表2-4-1。

表2-4-1　环泵式空气泡沫比例混合器性能参数

主要性能	型　号											
	PH32/PH32C					PH48				PH64/PH64C		
混合液流量/(L/s)	4	8	16	24	32	16	24	32	48	16	32	48	64
泡沫液流量/(L/s)	0.24	0.48	0.96	1.44	1.92	0.96	1.44	1.92	2.88	0.96	1.92	2.88	3.84
进口工作压力/MPa	0.6~1.4					0.6~1.4				0.6~1.4		
出口工作压力/MPa	0~0.05					0~0.05				0~0.05		

3. 使用注意事项

使用环泵式泡沫比例混合器时，水泵进水管压力不得超过0.05MPa，否则，压力水倒灌，影响吸液；比例混合器的吸液高度不得超过1.5m；比例混合器的参数按吸入6%型泡沫液标定，如使用3%型泡沫液，应适当调节比例混合器示数。如使用6%型泡沫液供应两支PQ8泡沫枪时，比例混合器的示数应调至16，改用3%泡沫液时，则示数调至8；这种比例混合器适用于低倍数泡沫灭火系统。

工作结束停泵前，应先关闭吸液阀，消防泵继续运转几分钟，将比例混合器内部及管路中的泡沫液和泡沫混合液冲洗干净后再停泵。

（二）管线式泡沫比例混合器

1. 构造原理

管线式泡沫比例混合器主要由管牙接口、混合器本体、过滤网、喷嘴、扩散管、调节底阀座、调节手柄、橡胶膜片等部件组成，如图2-4-3所示。

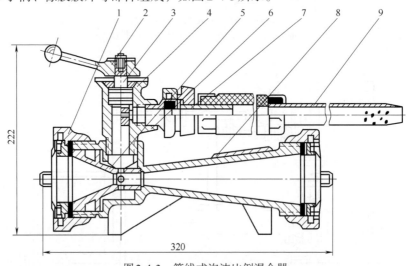

图2-4-3　管线式泡沫比例混合器

1—手柄；2—指示牌；3—阀体；4—调节球阀；5—扩散管；6—喷嘴；7—压力水管；
8—球阀；9—吸液阀盖；10—连接胶管

混合器入口与出口通过水带分别与水泵出口及高倍泡沫发生器相连，管线式泡沫比例混合器工作原理与环泵式泡沫比例混合器相同。

2. 主要性能参数

几种管线式泡沫比例混合器的主要性能参数见表2-4-2、表2-4-3。

表 2-4-2　PHF 系列管线负压比例混合器主要性能参数

型　号	进口工作压力/MPa	混合液流量/(L/s)	混合比/%	配用泡沫发生器举例
PHF3	0.6 ~ 1.2	3	3或6	配用一台PFS3型高倍数泡沫发生器
PHF4	0.6 ~ 1.2	3.75	3或6	配用一台PFT4或PFS4型高倍数泡沫发生器
PHF8	0.6 ~ 1.2	7.5	3或6	配用两台PFT4或PFS4型高倍数泡沫发生器
PHF16	0.6 ~ 1.2	15	3或6	配用四台PFT4或PFS4型高倍数泡沫发生器

表 2-4-3　PHX 系列管线式泡沫比例混合器主要性能参数

型　号	进口工作压力/MPa	混合液流量/(L/min)	混合比/%
PHX4/50	0.8 ~ 1.2	400	3或6
PHX8/50	0.8 ~ 1.2	800	3或6

3. 使用注意事项

该系列管线式泡沫比例混合器工作压力大，其值约为进口压力的三分之一，故推荐使用胶里水带；混合器应水平安装，其吸液高度不得大于1m；该混合器适用于高倍数泡沫灭火系统，混合器与高倍数泡沫发生器的安装距离不应大于40m。

三、泡沫产生器具

（一）低倍数泡沫产生器

液上喷射型低倍数泡沫产生器固定安装在油罐上，由泡沫消防车或固定消防泵供给泡沫混合液流，产生空气泡沫，覆盖油面进行灭火。

（1）构造原理

空气泡沫产生器主要由壳体组、泡沫喷管和导板组组成，如图2-4-4。当泡沫混合液通过产生器喷嘴时，形成了扩散雾化射流，在其周围产生负压，从而吸入大量空气形成空气泡沫。空气泡沫通过泡沫喷管和导板输入贮罐内，沿罐壁淌下，覆盖在燃烧的油面上。

（2）主要性能参数

空气泡沫产生器的主要性能参数见表2-4-4。

表 2-4-4　空气泡沫产生器主要性能参数

型　号	主 要 性 能			
	工作压力/MPa	混合液量/(L/s)	空气澄清流量/(L/s)	质量/kg
PC4	0.5	4	25	15
PC8	0.5	8	50	20
PC16	0.5	16	100	24
PC24	0.5	24	150	40

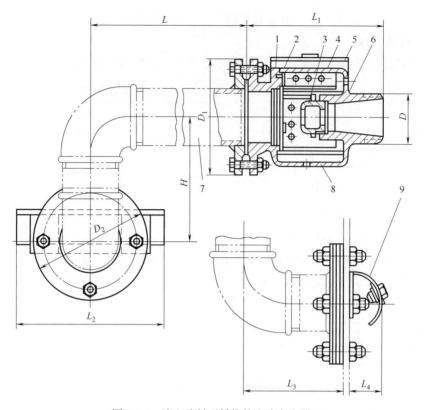

图2-4-4　液上喷射型低倍数泡沫产生器

1—密封玻璃；2—玻璃压圈；3—喷嘴；4—滤网；5—罩板；6—壳体；7—泡沫喷管组；8—壳体组；9—导板组

（3）使用注意事项

为防止油罐内易燃液体蒸汽外漏，产生器壳体出口端必须安装密封玻璃，该玻璃有一面刻有易碎刻痕，当混合液流压力在0.1～0.2MPa时即能冲碎，易碎刻痕应朝泡沫出口方向安装。

（二）中倍数泡沫发生器

中倍数泡沫发生器有固定式、半固定式和移动式三种类型。国产中倍数泡沫发生器主要是手提式，型号有PZ2～PZ6。可用于扑救油类火灾和一般固体物质火灾。

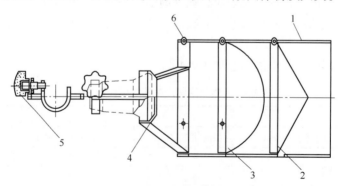

图2-4-5　PZ2中倍数泡沫发生器

1—筒体；2—锥形网；3—球面网；4—枪头座；5—手柄；6—铆钉

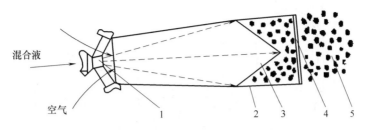

图 2-4-6　PZ4 型中倍数泡沫发生器
1—喷嘴；2—混合液射流；3—发泡网；4—喷筒；5—泡沫

1. 构造原理

手提式中倍数泡沫发生器有两种结构型式，分别如图 2-4-5 和图 2-4-6 所示。前者与 QD 型多用水枪配套使用，当具有压力的泡沫混合液通过多用水枪雾化后，喷射到成泡网上，产生中倍数泡沫。后者由喷嘴、发泡网、泡沫喷筒三部分组成，当具有压力的泡沫混合液通过喷嘴时，在喷嘴附近形成负压，空气被吸入，与混合液较均匀地喷洒在金属发泡网上，从而产生中倍数泡沫喷射出去。

2. 主要性能参数

手提式中倍数泡沫发生器主要性能参数见表 2-4-5。

表 2-4-5　手提式中倍数泡沫发生器主要性能参数

型　号	主 要 性 能				
	工作压力/MPa	混合液流量/(L/min)	发泡量/(m³/min)	发泡倍数	射程/m
PZ2	0.25	200	6～7	30～40	6～7
PZ3	0.3	180	—	20～40	—
PZ4	0.6	250	13～25	80～100	8～10
PZ5	0.6	330	5.5～11.5	20～35	10～20
PZ6	0.7	360	20～40	—	—

3. 使用注意事项

（1）应使用规定的泡沫液。

（2）与装有 PH32 型环泵式比例混合器的消防车配套使用时，应将混合器的指针拨到所需的位置上。当使用手抬机动泵时，需与 PHF4 管线式比例混合器配合使用。

（3）使用发生器应选择适当位置，以防止烟气流入发生器，影响发泡性能。

（4）扑救醇、醚、酯类等水溶性可燃液体火灾时，泡沫供给强度应足够大。

（三）高倍数泡沫发生器

高倍数泡沫发生器可在短时间内产生大量泡沫，迅速输送到火场，在很短时间内就可控制和扑救一般固体物质火灾和油类火灾。特别适用于有限空间大面积火灾扑救或排烟工作。

高倍数泡沫发生器按其发泡机构不同，大致可分为四类：（1）简易高倍数泡沫发生器；（2）水力驱动高倍数泡沫发生器；（3）发动机驱动高倍数泡沫发生器；（4）电动机驱动高倍数泡沫发生器。

1. 简易高倍数泡沫发生器

简易高倍数泡沫发生器有日本东海式、抽风式和 JG-70 型。目前使用较多的是 JG-70 型，这种发生器是在喷雾直流水枪的基础上改装的，其构造如图 2-4-7。

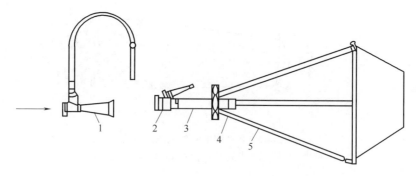

图2-4-7　JG-70型简易高倍数泡沫发生器

1—比例混合器；2—球阀；3—直管；4—雾化喷头；5—发泡网架

消防车的压力水经水带进入比例混合器时，高倍数空气泡沫液即从吸液管被吸入混合器内，从而与水形成混合液。混合液经过一段水带、球阀和枪管进入喷头，经雾化喷洒到发泡网上。与此同时，高速雾状混合液将大量空气带到发泡网上形成高倍数泡沫。雾化喷头的角度可以调节，以改变发泡倍数和射程。喷头角度增大，发泡倍数亦随之增大，但射程却减小。

2. 水力驱动高倍数泡沫发生器

水力驱动高倍数泡沫发生器分为水流反作用式和水轮机式。PFS系列高倍数泡沫发生器为水轮机式，该产品体积小、重量轻，可作为移动式灭火设备，亦可用在固定灭火系统中。

PFS型高倍数泡沫发生器主要由喷嘴、涡流式微型水轮机、叶轮、金属发泡网、圆形或方形筒体等组成，如图2-4-8所示。

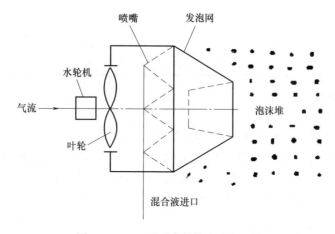

图2-4-8　PFS系列高倍数泡沫发生器

当高倍数泡沫混合液从混合液进口流入，经管路全部输送入水轮机，驱动安装在主轴上的水轮机旋转，由水轮机同轴安装的风扇叶轮同时转动，产生气流。推动水轮机旋转后的全部泡沫混合液，由水轮机泡沫液出口流出，进入管道，送至混合液喷嘴，再以雾状喷向发泡网，在其表面形成一层液体薄膜，在运动气流的作用下穿过发泡网小孔。混入空气，形成大量泡沫。

3. 电动机驱动高倍数泡沫发生器

PF20型电动机驱动高倍数泡沫发生器主要由发泡网、雾化喷嘴、混合液管组、电动机、电动执行机构、多叶调节阀、叶轮、导风筒、底座等构成。

工作时，当混合液进入发生器混合管的同时，立即起动电动执行机构，将多叶调节阀开启，使外界空气通入发生器，在此同时，电动机也开始起动，叶轮旋转，空气流经整流叶片，使之吹动由雾化喷嘴均匀喷洒在发泡网上的混合液，从而形成高倍数泡沫。

这种泡沫发生器一般与PHY20型比例混合器配套使用，固定安装在大型飞机库、飞机检修库、大型仓库及地下设施等场所。

当压力混合液流进入喷嘴，从喷嘴向发泡网喷出雾化液流，与电动机驱动的通风机输出的风相混合，通过发泡网，形成高倍数泡沫。

4. 发动机驱动高倍数泡沫发生器

这种发生器主要由风扇、喷雾喷头、发泡网、整流板、发动机、比例混合器和吸入口组成。

发生器接到消防车供水的同时，管线式比例混合器就吸入泡沫液，并与水混合形成泡沫混合液，混合液又从喷头到发泡网上，发动机带动风扇旋转，形成强力气流，将泡沫混合液吹出，形成高倍数泡沫，然后通过导管将泡沫输送到火场。

5. 高倍数泡沫发生器的主要性能参数

几种常用的高倍数泡沫发生器的主要性能参数见表2-4-6。

表2-4-6　高倍数泡沫发生器的主要性能参数

型　号	主　要　性　能					
	进口压力/MPa	混合液流量/(L/min)	发泡量/(m³/min)	发泡倍数	质量/kg	备　注
PFS3	0.3 ~ 1.0	100 ~ 230	40 ~ 100	350 ~ 650	40	
PFS4	0.3 ~ 1.0	130 ~ 300	100 ~ 200	650 ~ 900	80	
PFS10	0.3 ~ 1.0	350 ~ 760	180 ~ 400	400 ~ 700	340	
PFS20	0.2	1350 ~ 1500	800 ~ 1000	600 ~ 1000	270	
BGP-200	0.12 ~ 0.25	160 ~ 220	160 ~ 220	500 ~ 800	270	泡沫可输送300m

四、泡沫喷射器具

（一）空气泡沫枪

空气泡沫枪是产生和喷射空气泡沫的器具。按其是否自带吸液，可分为自吸液空气泡沫枪和非自吸液空气泡沫枪；按其使用场所不同，可分为陆用和船用两种型式。陆用空气泡沫枪由铝合金制造，为手提式，船用空气泡沫枪由铜合金制造，有手提式和背负式。

1. 自吸液空气泡沫枪

（1）构造原理

自吸液空气泡沫枪主要由喷嘴、枪筒、吸管、枪体和启闭柄等组成，如图2-4-9所示。

当压力水进入枪体通过第一个孔时，在枪体和喷嘴构成的空间形成负压，而这个空间与吸管相连，于是空气泡沫液便沿着吸管进入这个空间，并与压力水混合，形成混合液。

当混合液通过第二个孔时，再次形成负压，从而由外界吸入大量空气，与混合液混合，产生空气泡沫并从枪筒喷射出去。

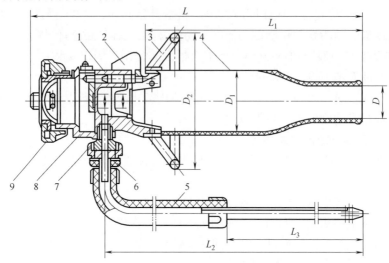

图2-4-9　自吸液空气泡沫枪

1—喷嘴；2—启闭柄；3—手轮；4—枪筒；5—吸管；6—密封圈；7—吸管接头；8—枪体；9—管牙接口

（2）主要性能参数

空气泡沫枪主要性能参数见表2-4-7。

表2-4-7　空气泡沫枪主要性能参数

型号	主要性能						
	额定工作压力上限/MPa	发泡倍数 $N(20℃)$	泡沫液流量/(L/s)	混合液流量/(L/s)	配用泡沫液类型/%	射程/m	流量允差/%
QP4	0.8	$5 \leqslant N < 20$	0.24	4	3或6	≥18	±8
QP8			0.48	8		≥24	
QP16			0.96	16		≥28	

（3）使用注意事项

采用吸管吸取空气泡沫时，应先安装好吸管，并检查密封性能是否良好，然后将一端插入泡沫液桶中。当供水正常后，扳动启闭柄，使启闭开关开启，射流即喷出。需要停止喷射时，扳动启闭柄至关闭位置即可。喷射时应顺风方向喷射。

2. 非自吸液空气泡沫枪

非自吸液空气泡沫枪的结构与自吸液空气泡沫枪大致相似，不同之处在于，非自吸液空气泡沫枪的枪筒内只有一个喷嘴，且没有自吸管。非自吸液空气泡沫枪应供给泡沫混合液。目前国产非自吸液空气泡沫枪只有QP8·C和QP8A·C两种型号。

（二）空气泡沫炮

空气泡沫炮是产生和喷射空气泡沫的大型设备，其产生和喷射泡沫量至少在200L/s以上。

1. 空气泡沫炮的分类

空气泡沫炮的种类很多，按适用场所不同可分为船用型和陆用型；按操纵方式不同，可分为手动型、电动型和气动型；按安装方式不同，可分为固定式和移动式。

2. 构造原理

各种空气泡沫炮基本构造是相同的。空气泡沫炮主要由扩散控制器、炮筒、泡沫产生器、集流管、回转座、球阀和操作手柄（包括电动控制）等组成。炮口处装有可调节开合的鸭嘴形扩散控制器，闭合扩散器用来改变空气泡沫流的喷射形状，可将充实状的泡沫射流转变为扇形喷射射流，适用于机场跑道、机库和有关区域等需快速、大面积泡沫喷洒的场合；炮筒是空气泡沫膨胀后的动态平衡管段；泡沫产生器是吸取空气并使其与混合液混合产生空气泡沫的部件；集流管将由立管输送来的混合液分流汇集至进液管；回转座是支承炮体做360°水平回转并能定位的部件；球阀是管道中的开关；操作手柄和操作电机用来控制空气泡沫炮的仰俯和水平回转。表2-4-8为暴雪移动式（车载式）中倍数消防泡沫炮的主要性能参数。

表2-4-8　暴雪移动式（车载式）中倍数消防泡沫炮的主要性能参数

水流量/(L/s)	中倍泡沫流量/(L/min)	中倍泡沫射程/m	输入压力/bar	泡沫倍数	泡沫消耗/(L/s)	长×宽×高/mm	质量/kg
10	42000	22	8	60~70	0.8	980×610×445	27~37
20	48000	25	8	40	1.6	980×610×445	27~37
30	72000	45~50	8	30~40	1.8	1255×625×590	40~50
40	96000	45~50	8	30~40	1.8	1255×625×590	40~50

注：1bar=10^5Pa。

3. 主要性能参数

各种空气泡沫炮的主要性能参数见表2-4-9。

表2-4-9　各种空气泡沫炮的主要性能参数

泡沫混合液流量/(L/s)	额定工作压力/MPa	射程/m		流量允差	发泡倍数（20℃时）	25%析液时间（20℃时）/s
		泡沫	水			
24	0.6 0.8 1.0	≥40	≥45	±10%	≥6	≥150
32		≥45	≥50			
40		≥50	≥55			
48		≥55	≥60			
64	0.8 1.0 0.2	≥60	≥65			
70		≥65	≥70			
80		≥70	≥75			
100		≥75	≥80			
120		≥80	≥85			
150	1.0 1.2 1.4	≥85	≥90			
180		≥90	≥95			
200		≥95	≥100			

（三）空气泡沫钩管

空气泡沫钩管是一种移动式泡沫灭火设备，用来产生和喷射泡沫，扑救油罐火灾。

1. 构造原理

空气泡沫钩管用薄钢板制成，由钩管和泡沫产生器两部分组成，如图2-4-10所示。

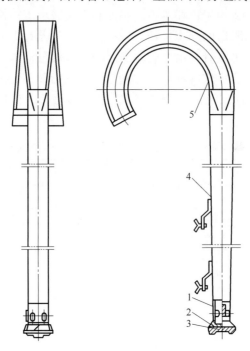

图2-4-10　空气泡沫钩管
1—空气管；2—65mm管牙接口；3—孔板；4—喷嘴；5—钩管

钩管上端的弯形喷管用来钩挂在着火油罐壁上，向罐内喷射泡沫。钩管下端为空气泡沫产生器，它由空气管、65mm管牙接口和孔板组成。空气管周围的气孔是空气吸入孔，管牙接口用来连接水带，孔板用来控制流量和液流扩散。

2. 主要性能参数

空气泡沫钩管的性能参数见表2-4-10。

表2-4-10　空气泡沫钩管性能参数

型号	主要性能				
	标定工作压力/MPa	混合液流量/(L/s)	发泡倍数	进口管牙接口规格/mm	质量/kg
PG16	0.5	16	≥6	65	14
PG16A	0.5	16	≥6	65	17

3. 使用注意事项

（1）空气泡沫钩管必须直接使用泡沫混合液，配制的混合液应为3%或6%普通蛋白泡沫液。

（2）扑救高度超过5m的油罐时，应将空气泡沫钩管拴在消防拉梯上，并借助拉梯将钩管升高到罐口后挂在罐壁上。

（3）使用6%型泡沫液时，比例混合器示数应调至"16"；使用3%型泡沫液时，比例混合器示数应调至"8"。

（4）待弯形喷射管喷射泡沫时，再将空气泡沫钩管钩在罐壁上。

思 考 题

1. 简述空气泡沫灭火器具的分类及类组特征代号。
2. 简述环泵式泡沫比例混合器的工作原理及使用注意事项。
3. 简述空气泡沫枪及空气泡沫钩管的工作原理。

第三章

灭 火 剂

凡是能够有效地破坏燃烧条件，使燃烧中止的物质，统称为灭火剂。简言之，灭火剂就是可以用来灭火的物质。扑救火灾的过程，就是使用各种器材装备，并将合适的灭火剂以恰当的方式释放于火场，依据物理或化学原理使燃烧终止的过程。

灭火剂种类很多，其中最常用的有：水、泡沫、干粉、二氧化碳、卤代烷、气溶胶等。这些灭火剂，按照它们的状态，可分为气体灭火剂（卤代烷、二氧化碳等）、液体灭火剂（水、泡沫等）和固体灭火剂（干粉、气溶胶等）；按照灭火原理，可分为物理灭火剂（水、泡沫、二氧化碳等）和化学灭火剂（卤代烷、干粉、气溶胶等）。现代灭火剂的发展很快，不仅在品种上日趋繁多，能够适应扑救各种火灾的需要，而且在质量上不断提高，向着高效、低毒和通用的方向发展。随着科学技术的发展，新型的灭火剂将会不断涌现。

第一节　水

● 学习目标

1. 了解水作为灭火剂的主要来源和其物理性质。
2. 熟悉水的分类及化学性能。
3. 掌握水的灭火原理、水流形态及在灭火中的应用。

在灭火救援中，水是应用最广泛的天然灭火剂。它既可以单独使用，也可以与不同的化学剂组成混合液使用，以提高效果。

水的主要来源是地表水和地下水，地表水源如海洋、江河、湖泊、池塘和水库等，地下水源如潜流水、承压水、泉水、岩溶水等。

一、水的物理性质

常温下，水是无色无味无臭的透明液体。它有三种状态：气态、液态和固态，其中液态形式的水在消防领域应用最为广泛。

（一）水的密度

在常温常压下，水为无色透明的液体。水的密度随温度的变化而变化，在4℃时其密度最大，为1g/cm³。当温度由4℃降低到0℃的过程中，水的密度随温度的降低而减小。当温度继续下降，液态水变成固态的冰时，密度减小为0.9g/cm³，体积膨胀明显。所以，严寒的冬季，消防车辆的管道、消防水枪等器材中的水要及时放净，必要时要采取保暖措施，以防止结冰对器材造成损坏。

（二）水的比热容和汽化热

水的比热容比任何其他液体都大；1g水温度升高1℃需要吸收4.1868J的热量。水的汽化热也很大，1g水在100℃时变成同温度的蒸汽需要吸收2256.6852J的热量。

（三）水的导电性

水的导电性能主要与水的纯度和水流形式有关。纯净的水是电的不良导体，电阻率很大，约18.3MΩ·cm。在消防中使用的水都是取自于自然界或者经过初步净化的水，因而含有一定的杂质。随着水中杂质含量的增加，特别是电解质含量的增加，水的电阻率迅速下降，导电能力大大增强。另外，对同一种类型的水，使用的水流越分散，导电能力越差。

由于水能导电，所以在一般情况下，不能用密集水流来扑救电气设备火灾，只有在电气设备断电后才可以用密集水流来灭火。

（四）水的表面张力与润湿现象

1. 水的表面张力

在气液界面上，液面下厚度约等于分子作用半径的一层液体，叫作液体的表面层，在液体表面层中的分子，一方面受到液体内部分子的作用，另一方面受到液体外部气体分子的作用，但是气体密度与液体密度相比很小，一般可把气体分子的作用忽略不计。由此可知，在液体表面层中，每个分子都受到垂直于液面并且指向液体内部的不平衡力的作用，如图3-1-1（a）所示。如果一个分子从液体内部移到表面层内，必须反抗这个力而做功，从而增加了这一分子的位能。也就是说，表面层内的分子比在液体内部的分子有较大的位能，这种位能叫表面能。

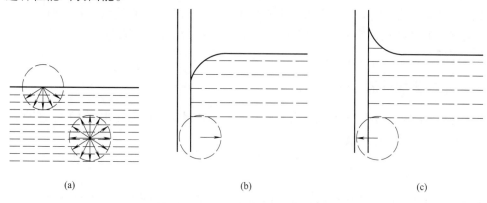

(a)　　　　　　　　　(b)　　　　　　　　　(c)

图3-1-1　表面张力的润湿、不润湿现象

因为一个系统处于稳定平衡时，应有最小的位能，所以液体表面的分子有尽量挤入液体内部的趋势，以便使液体面最小，位能最小。因为液体具有尽可能缩小其表面的趋势，在宏观上，液体表面就好像是一张拉紧了的弹性膜，处在沿着表面的使表面有收缩倾向的张力作用之下，这种力叫作液体的表面张力。

用水灭火时，为充分发挥水的灭火作用，希望水能尽量展开，扩大其比表面积，增加与燃烧物的接触面，因此灭火用水的表面张力越小越好。当用泡沫灭火时，水生成泡沫，其表面积极大地增加，因此需要做很多功来增加其表面能。如果能有效地降低液体的表面张力，就会使所需做的功大大减小，而使发泡倍数大大增加。泡沫液的主要功能之一就是降低水的表面张力。

2. 水的润湿现象

在固体和液体的界面上，厚度等于分子作用半径的一薄层液体叫作附着层。在附着层内，附着层内部的分子同时受到液体分子和固体分子的吸引。如果液体分子和固体分子之间的相互吸引力（称为附着力）小于液体分子之间的相互吸引力（称为内聚力），那么液体界面上的分子所受的合力垂直于附着层而指向液体内部，有尽量挤入液体内部的趋势。因此，附着层有收缩倾向，这就是不润湿的根源，如图3-1-1（b）所示。反之，如果附着力大于内聚力，那么分子所受的合力垂直于附着层而指向固体，于是分子在附着层内的位能较之在液体内部为小，根据平衡时位能最小的原理，液体内部的分子将尽量挤入附着层，结果附着层有伸张的倾向，这就是产生润湿现象的原因，如图3-1-1（c）所示。总之附着力大于内聚力，就产生液体能润湿固体的现象，附着力小于内聚力，就产生液体不能润湿固体的现象。

能被水润湿的固体物质，起火时用水扑救效果良好。这是因为一方面水容易在固体表面形成一层水膜，把固体和空气隔离开来；另一方面，水容易浸湿固体，改变其燃烧性能，使之难以燃烧。不能被水润湿的固体物质，起火时用水扑救效果就差。如果在水中添加润湿剂，使不能被水润湿的物质变成能够被水润湿的物质，就能显著提高水的灭火效果。

（五）水与其他液体的相溶性

有些液体能够与水相互溶解，我们称之为水溶性液体，如乙醇、乙醚等。有些液体则不能与水相互溶解，我们称之为非水溶性液体，如汽油、煤油、柴油、苯等。

对水溶性可燃液体火灾，可以通过混合冲淡的方法，使火灾得到控制或扑灭。对非水溶性可燃液体火灾，当可燃液体比水重时，可用水来扑救（例如可以用水扑救二硫化碳火灾），这时水在液面形成一个覆盖层，把可燃液体与空气隔离开来。但当可燃液体比水轻时，由于它可漂浮在水面上随水流散，给灭火带来不少困难，不能直接用直流水扑救，但是扑救方法得当，仍能控制和扑灭火灾（例如使用喷雾水）；如扑救方法不当，反而会助长火势扩大，造成火灾蔓延。

二、水的化学性质

水能与许多物质发生化学反应，但在消防工作中，最关心的是在水灭火时，那些能与水发生反应而产生燃烧、爆炸的物质。

（一）热稳定性

水分子具有非常高的热稳定性，在一般温度乃至很高的温度下，它不会分解。但是水在遇高温物体后，会迅速发生汽化，体积骤然增大，在密闭空间内会因压力猛增而造成物理性爆炸。

水蒸气被加热到极高的温度时，水蒸气将发生分解：

$$2H_2O \Longleftrightarrow 2H_2 \uparrow + O_2 \uparrow$$

生成的氢气是可燃气体，氧气是助燃气体。两者按化学当量配比，在有限空间内，极易生成气体爆炸混合物。这种混合物如遇明火，会发生剧烈的化学爆炸。

$$2H_2 + O_2 \longrightarrow 2H_2O + Q$$

这种爆炸波及范围广，破坏力大，如无有效防范措施，会产生严重后果。

（二）与其他物质的反应

在常温或高温下，水能与许多物质发生化学反应并伴有热量、可燃气体或腐蚀、有害气体产生，有时甚至发生燃烧爆炸。因此，在消防工作中，了解在灭火时可能涉及的水的化学反应，明确在哪些场所绝对禁止用水灭火，对消防人员来说至关重要。

1. 与碱金属的反应

碱金属是指在元素周期表中第ⅠA族的六个金属元素：锂、钠、钾、铷、铯、钫。其中，锂、钠和钾等碱金属在工业上应用较多，是消防员在扑救活泼金属火灾时常遇到的几种物质。水与碱金属在常温下即可反应，结果是水中的氢被碱金属置换出来。

$$2Li + 2H_2O === 2LiOH + H_2\uparrow$$

$$2Na + 2H_2O === 2NaOH + H_2\uparrow$$

$$2K + 2H_2O === 2KOH + H_2\uparrow$$

锂与水的化学反应较其他碱金属与水的反应要慢很多，但锂在燃烧时，则与水反应剧烈，所产生的氢有可能引起爆炸。在常温下，钠和钾与水反应时要比锂剧烈得多，反应生成的热量可使金属融化，暴露出更大的表面积，进而与水进一步反应，产生更多的氢气，氢气可能会燃烧甚至发生爆炸。

2. 与金属粉末的反应

水与金属镁、锆、钛、铝、锌的粉末在常温下即可发生缓慢的化学反应。反应过程中，水中的氢被金属置换，同时放出热量，热量的积蓄容易使产生的氢自燃，从而引起金属粉末的燃烧。

水能与燃烧着的镁、铝、锆、钛、锌发生剧烈的化学反应，并释放出氢气和热量：

$$Mg + 2H_2O === Mg(OH)_2 + H_2\uparrow$$

$$Zn + 2H_2O === Zn(OH)_2 + H_2\uparrow$$

$$2Al + 3H_2O === Al_2O_3 + 3H_2\uparrow$$

3. 与金属氢化物的反应

水与氢化锂、氢化钠、氢化铝等金属氢化物接触时，会发生类似于碱金属的强烈反应，生成氧化物或氢氧化物以及氢气并放出热量。反应过程十分强烈，释放热量很高，释放出的氢几乎能立即起火。

4. 与碳及金属碳化物的反应

水遇到灼热燃烧的碳会产生一氧化碳和氢气，水遇到碳化钙、碳化铍、碳化铝、碳化镁等金属碳化物时会使它们水解，产生易燃的炔烃或烷烃，并释放出大量的热，这些反应所释放的热量，足以引燃水解所产生的各种气体。

$$CaC_2 + 2H_2O === Ca(OH)_2 + C_2H_2\uparrow$$

$$Be_2C + 4H_2O === 2Be(OH)_2 + CH_4\uparrow$$

5. 与金属有机化合物反应

水可与乙基钠 C_2H_5Na、三甲基铝 $Al(CH_3)_3$ 等金属有机化合物发生反应，使之分解为金属的氢氧化物或氧化物，以及易燃的乙烷和甲烷。这些金属有机化合物在燃烧时，如与水接触，反应尤为激烈，往往引起爆炸。

6. 与过氧化物的反应

水与活泼金属的过氧化物反应生成氢氧化物和氧气，同时释放出大量的热，反应放出的热，可使反应进一步加剧，反应放出的氧能助燃，因此向碱金属过氧化物冲入大量水流，往往会引起爆炸反应。

7. 与金属磷化物的反应

水可使磷化钙、磷化锌等金属磷化物发生水解，产生易燃、剧毒的磷化氢。

8. 与金属硅化物的反应

硅化镁、硅化铁等物质与水反应能生成四氢化硅，四氢化硅在空气中能自燃。

9. 与金属硫化物的反应

硫化钠、连二亚硫酸钠（保险粉）等物质与水反应剧烈，并释放出大量的热。

10. 与金属氰化物反应

氰化钾、氰化钠等金属氰化物与水反应能生成易燃、剧毒的氰化物。

遇水燃烧物质起火时，不能用水、泡沫灭火剂来扑救，可用干砂、7150灭火剂来扑救。

三、水的灭火作用

水的灭火作用主要有以下五个方面：

（一）冷却作用

冷却是水的主要灭火作用，水的热容量和汽化热很大。水的比热容为$4.18J/(g \cdot \textcelsius)$，汽化潜热为$2256.6852J/g$，是一种很好的吸热物质。若将1kg常温的水（20℃），喷洒到火源处，使水温升到100℃，则能吸收334.4kJ热量，若再将其汽化，变成100℃的水蒸气，又能吸收2257kJ的热量。因而当水与炽热的燃烧物接触时，在被加热和汽化的过程中，就会大量吸收燃烧物的热量。

水对可燃固体物质有一定的润湿作用。被水润湿或浸透的材料在火焰或辐射热的作用下，即使达到材料的自燃点也不会很快地燃烧，因为材料吸收的热量首先要消耗于材料所含的水分的汽化上，只有在材料表层的水全部汽化以后，材料本身才开始热裂解直至燃烧的过程。用水润湿可燃材料防止其燃烧，也是水的冷却作用的结果。

（二）窒息作用

水遇到炽热的燃烧物而汽化，产生大量水蒸气。1kg水汽化后可生成1700L水蒸气。水变成水蒸气后，体积急剧增大，大量水蒸气的产生将排挤和阻止空气进入燃烧区，从而降低了燃烧区内氧气的含量。在一定情况下，当空气中的水蒸气体积含量达35%时，燃烧就会停止。1kg水变成水蒸气时的抑燃空间达$5m^3$，有良好的窒息灭火作用。

（三）对水溶性可燃液体的稀释作用

水溶性可燃液体，例如甲醇、乙醇、乙二醇、异丙醇、丙酮、甲醛等，当这些液体发生火灾时，在允许用水扑救的条件下，水与可燃液体混合，形成水溶液。随着水的大量注入，可降低可燃液体的浓度，燃烧区内可燃蒸汽的浓度下降，使燃烧强度减弱。当水溶性可燃液体的浓度降到可燃浓度以下时，燃烧即自行停止。

利用水的稀释作用灭火仅仅适用于容器中储有少量的水溶性可燃液体的火灾，或浅层水溶性可燃液体的溢流火灾。对于容器中所装的水溶性液体较满或深层的液体溢流火灾，利用稀释作用灭火往往是无效的，因为大量溢水时，会造成仍具有很强燃烧性的水溶液的大量外溢，进一步扩大燃烧面积。

（四）水力冲击作用

在机械力的作用下，直流水枪喷射出的密集水流，具有强大的冲击力和动能。高压水流强烈地冲击燃烧物和火焰，可以冲散燃烧物，使燃烧强度显著减弱，可以冲断火焰，使之熄灭。

（五）乳化作用

将两种互不溶解的液体放在同一容器中进行搅拌时，一种液体会以微滴的形式分散到另一种液体中，这种作用称为乳化。对于非水溶性可燃液体的初起火灾，在未形成热波之前，用滴状水或雾状水进行灭火时，能在可燃液体表面形成一层以可燃液体为连续相的"油包水"型乳液，尽管乳液的稳定性较差，但由于水的连续施加，仍能形成一个乳化层。对于某些黏性液体（如重燃料油），乳化作用可使其表面形成一层含水的油沫，这些泡沫状的含水油沫可以阻止可燃蒸汽的产生。由于水的乳化作用，液体表面受到冷却，可燃蒸汽产生的速度下降，火灾就会被扑灭。

水的灭火作用是多方面的，灭火时，往往不是一种作用的单独结果，而是几种作用的综合结果。在不同情况下，各种灭火作用在灭火之中的地位可能不同，但在一般情况下，冷却是水的主要灭火作用。

四、水流形态及在灭火中的应用

水作为灭火剂，应用于不同的消防设备有不同的形态。水在灭火时的形态主要由喷嘴的结构、水的压力或流速等决定。水的形态不同，灭火效果也不同。常见的水流形态主要有以下几种。

（一）直流水和开花水（滴状水）

通过水泵加压并由直流水枪喷出的密集水流称为直流水。直流水能喷射到较远的地方，冲击到燃烧物质内部，摧毁正在分解燃烧的物质，阻止分解物的扩散和隔离燃烧区，使燃烧迅速停止。

通过水泵的加压并由开花水枪喷出的滴状水流称为开花水。

1. 直流水和开花水可用于扑救下列物质火灾

（1）一般固体物质火灾，如木材、纸张、粮草、棉麻、煤炭、橡胶等固体物质的火灾。

（2）由于直流水能够冲击、渗透到可燃物质的内部，故可用来扑救阴燃物质的火灾。

（3）闪点在120℃以上，常温下呈半凝固状态的重油火灾。

（4）利用直流水的冲击力量切断或赶走火焰，扑救石油和天然气井喷火灾。

2. 直流水和开花水一般不能用于扑救下述物质火灾

（1）不能用水扑救"遇水燃烧物质"的火灾。

（2）在一般情况下，不能用直流水来扑救可燃粉尘（面粉、铝粉、糖粉、煤粉、锌粉等）聚集处的火灾，因为沉积粉尘被水流冲击后，悬浮在空气中，容易与空气形成爆炸性混合物。

（3）在没有良好的接地设备或没有切断电源的情况下，一般不能用直流水来扑救高压电气设备火灾。因为天然水中往往含有多种杂质，因此具有一定的导电能力。如在紧急情况下，必须进行带电灭火时，需保持一定的安全距离，采取合理的射流方式。

（4）某些高温生产装置设备着火时，不宜用直流水扑救。因为这些高温设备的金属表面在受到水流的突然冷却时，机械强度会受到影响，设备可能遭到破坏。

（5）贮存大量浓硫酸、浓硝酸、盐酸等的场所发生火灾时，不能用直流水扑救。因为水与酸液接触会引起酸液发热飞溅或流出。流出的酸与可燃物质接触以后有引起燃烧的危险，必要时，可用喷雾水流扑救。

（6）轻于水且不溶于水的可燃液体火灾，不能用直流水扑救，因为这些液体会漂在水面上，随水流散，可能助长火势扩大，促使火灾蔓延。

（7）熔化的铁水、钢水引起的火灾，在铁水或钢水未冷却时，也不能用水扑救。因为熔化的铁水、钢水的温度约为1600℃左右，水与之接触会发生分解，有引起爆炸的危险。

（8）不宜用直流水扑救橡胶、褐煤等粉状产品的火灾，由于不能浸透或者很难浸透燃烧介质，因而灭火效率很低。只有在水中添加润湿剂，提高水流的浸透力，才能用水有效地扑灭。

（9）易被水破坏而失去其使用价值的物质与设备，如图书、纸张、档案和精密仪器、设备等火灾。

（10）对熔融的盐类和快要沸腾的原油的火灾，因为水会被迅速汽化，形成强大的压力，促使其爆炸或喷溅伤人，也不能用水来扑救。

（二）喷雾水（雾状水）

通过水泵加压并由喷雾水枪喷出的雾状水流，称为喷雾水。

1. 喷雾水灭火特点

（1）汽化速度快，窒息作用强。同样体积的水以雾状喷出时可获得比直流水和开花水大得多的表面积，由于表面积的增大，使水雾的汽化速度大大增加（汽化速度与比表面积成正比），从而使燃烧区内水蒸气的浓度大大增加，空气的浓度迅速降低，窒息灭火的作用增强。

（2）降温速度快，冷却作用强。水雾表面积增加使水与火焰的接触面积增加，因而增大了传热效率，缩短了汽化时间；由于水汽化时要吸收大量的热，汽化速度的增大，使水雾灭火时的降温速度加快，冷却作用增强。

（3）冲击乳化作用。当喷雾水以一定的速度喷向非水溶性可燃液体表面时，由于水雾的冲击作用，使可燃液体表面形成一层由水粒和非水溶性液体混合组成的乳状物表层。这种乳化物一般是不燃的，由于可燃液体表面覆盖了这一层乳化物，可燃液体就难以继续燃烧。

2. 可用喷雾水流进行扑救的火灾

（1）重油或沸点高于80℃的其他油产品火灾。

（2）粉尘火灾，纤维物质、谷物堆囤等固体可燃物质火灾。

（3）部分带电的电气设备火灾。如油浸电力变压器，充有可燃油的高压电容器，油开关、发电机、电动机等。

喷雾水灭火的优点是降温速度快，灭火效率高，水渍损失小，大量微小的水滴有利于吸附烟，并使其沉降。但与直流水和开花水相比，喷雾水射程较近，不能远距离使用；对纤维物质渗透性差，灭火速度慢，阴燃部分不易冷却，使用时要注意防止复燃。

（三）水蒸气

水蒸气能冲淡燃烧区的可燃气体，降低空气中氧的含量，有良好的窒息灭火作用。实验表明，对于汽油、煤油、柴油和原油等可燃液体，当燃烧区的水蒸气浓度达到35%以上时，燃烧就会停止。

利用水蒸气扑救高温设备火灾时，不会引起高温设备的热胀冷缩的应力和变形，因而不会造成对高温设备的破坏。

常年有蒸汽源供汽的场所或工矿企业，可以利用水蒸气灭火。水蒸气主要适用于容积在500m³以下的密闭厂房，以及空气不流通的地方或燃烧面积不大的火灾，特别适用于扑救高温设备和煤气管道火灾。

（四）细水雾

1. 细水雾的概念

细水雾是指水经过高压（或中压）泵或气动装置加压后，以高速喷射、机械撞击、超声波震动、静电粉碎等原理、使用特殊喷嘴产生的微粒状水流形式。细水雾的定义是：在最小设计压力下、距喷嘴1m处的平面上，测得最粗部分的水微粒直径不大于1000μm的水雾。

按水微粒的大小，细水雾分为3级，1级细水雾的水微粒直径为40~200μm，是最细的水雾；2级细水雾的水微粒直径为200~400μm，相对1级细水雾，2级细水雾更容易产生较大的流量；3级细水雾的水微粒直径为大于400μm，这种细水雾主要有中压、小孔喷淋头、各种冲击式喷嘴等产生。

2. 细水雾的特点

（1）灭火效能高，反应时间快。它冷却性能好、抑制性强。细水雾还有一定的穿透性，可以解决全淹没和遮挡的问题，还可防止火灾的复燃。它仅需喷淋系统的10%或更少的水量。

（2）其使用安全，应用范围广。它不会对环境及保护对象造成危害，避免了气体灭火系统灭火中灭火剂与燃烧物发生链式反应而产生对人员有害的气体。它可局部应用，独立地保护某一部分，又可作为全淹没系统，保护整个空间。尤其可用于水源匮乏的地区及部分禁止用水的场所。

3. 细水雾适用范围

细水雾具有灭火、抑火、控火、控温和降尘等作用，也用于以下火灾。

（1）可燃液体和可熔化固体火灾。

（2）一般固体物质表面火灾。

（3）电气及带电设备火灾。

（4）气体溢出火灾。

目前，细水雾系统主要用于保护贵重的生产设备、油浸电力变压器室、柴油发电机房及其储油间和燃油、燃气锅炉房。高压及双流介质细水雾系统，可用于重要的高、低压配电室、重要的电子通信设备机房、电厂的控制室、燃气涡轮机等场所。

思 考 题

1. 为什么水的灭火利用率很低？润湿对灭火有哪些帮助？
2. 简述如何用水扑救可燃液体火灾？
3. 简述水有哪些灭火作用？

第二节　泡沫灭火剂

● 学习目标

1. 了解泡沫灭火剂的基本分类方式。
2. 熟悉泡沫的灭火原理和主要性能指标。
3. 掌握常用泡沫灭火剂的优缺点及适用情形。

能够与水混溶，并可通过化学反应或机械方法产生泡沫进行灭火的药剂，称为泡沫灭火剂。泡沫灭火剂一般由发泡剂、泡沫稳定剂、降黏剂、抗冻剂、助溶剂、防腐剂及水组成。

一、分类

泡沫灭火剂可以按发泡方法、发泡倍数、用途、发泡基料等分类。

1. 按发泡机理分类

按照产生泡沫灭火剂的机理可分为两大类，即化学泡沫灭火剂和空气（机械）泡沫灭火剂。

2. 按发泡倍数和泡沫产生装置分类

按照发泡倍数和泡沫产生装置可分为高倍数、中倍数、低倍数泡沫灭火剂和压缩空气泡沫灭火剂。目前国内以及国际标准化组织（ISO）使用的划分原则是，发泡倍数低于20的泡沫灭火剂称为低倍数泡沫灭火剂，发泡倍数在20～200之间的泡沫灭火剂称为中倍数泡沫灭火剂，发泡倍数高于200的泡沫灭火剂称为高倍数泡沫灭火剂。

在众多的泡沫灭火剂中，多数品种属于低倍数泡沫灭火剂，高倍数泡沫灭火剂和中倍数泡沫灭火剂品种相对较少。

3. 按发泡剂来源分类

按发泡剂来源可分为蛋白泡沫灭火剂和合成泡沫灭火剂。合成泡沫灭火剂，以化学合成的碳氢表面活性剂为发泡剂；蛋白泡沫灭火剂，以动物毛发、蹄脚水解产物为发泡剂。具体品种如表3-2-1所示。

表3-2-1　蛋白泡沫灭火剂和合成泡沫灭火剂的分类

泡沫灭火剂	蛋白型	普通蛋白泡沫（P）
		氟蛋白泡沫（FP）
		抗溶性氟蛋白泡沫（FP/AR）
		成膜氟蛋白泡沫（FFFP）

续表

泡沫灭火剂	蛋白型	抗溶性成膜氟蛋白泡沫(FFFP/AR)
泡沫灭火剂	合成型	普通合成泡沫灭火剂(S)
		高倍数泡沫或中倍数泡沫
		合成型抗溶性泡沫(S/AR)
		水成膜泡沫(AFFF)
		抗溶性水成膜泡沫(AFFF/AR)
		A类泡沫

4. 按泡沫溶液的表面张力分类

按泡沫溶液的表面张力分类可分为成膜型泡沫灭火剂和非成膜型泡沫灭火剂。灭火剂扩散系数>0，可在某些烃类燃料表面上形成一层水膜的，为成膜型泡沫灭火剂。扩散系数≤0，不能在烃类燃料表面上形成水膜的，为非成膜型泡沫灭火剂。

5. 按扑救对象分类

按扑救对象可分为抗溶型泡沫灭火剂和非抗溶型泡沫灭火剂。抗溶型泡沫灭火剂适用于水溶性液体燃料的灭火剂，可在燃料表面形成胶膜。非抗溶型泡沫灭火剂，适用于非水溶性液体燃料的灭火剂。

二、泡沫的灭火原理和主要性能指标

（一）泡沫灭火剂的灭火原理

空气泡沫是由空气泡沫灭火剂的水溶液通过机械作用，充填大量空气后形成的无数小气泡。通常使用的空气泡沫的发泡倍数范围为2~1000倍，相对密度范围为0.001~0.5。由于它的相对密度远远小于一般可燃液体的相对密度，因而可以漂浮于液体的表面，形成一个泡沫覆盖层。同时，泡沫又具有一定的黏性，可以黏附于一般可燃固体的表面。

泡沫灭火剂的主要灭火作用是：

（1）隔离作用。灭火泡沫在燃烧物表面形成的泡沫覆盖层，可使燃烧物表面与空气隔离。

（2）封闭作用。泡沫层封闭了燃烧物表面，可以遮断火焰对燃烧物的热辐射，阻止燃烧物的蒸发或热解挥发，使可燃气体难以进入燃烧区。

（3）冷却作用。泡沫析出的液体对燃烧表面有冷却作用。

（4）稀释作用。泡沫受热蒸发产生的水蒸气有稀释燃烧区氧气浓度的作用。

（二）泡沫灭火剂的性能指标

泡沫灭火剂及其产生的灭火泡沫，有下述一些性能指标，这些指标从不同的角度评价了灭火剂的优劣和灭火性能。

（1）抗冻结、融化性能。这是衡量泡沫液稳定性的一个参数。在低于其凝固点10℃时，冷却冻结，保持24h后取出，在室温条件下解冻，放置时间不多于96h，不少于24h，重复试验3次，完成4次冻结和融化周期，观察有无分层、非均相和沉淀现象。抗冻结、融化性能好，则泡沫液无分层、非均相和沉淀现象。

（2）pH值。pH值是衡量泡沫液中氢离子浓度的一个指标：pH值$=-\lg[H^+]$，其中

[H^+]是溶液中H^+的浓度。泡沫液的pH值一般在6~9.5之间,这一范围比较接近中性。pH值过低或过高,泡沫液则呈较强的酸性或碱性,对容器的腐蚀性较大,不利于长期贮存。同时,多数泡沫液还是一种胶体溶液,pH值过低或过高都会使胶体溶液不稳定,产生混浊、分层或沉淀,泡沫液与水的混合比明显下降而影响灭火效果。

(3)沉淀物。指除去沉降物的泡沫液与水按规定的比例制成混合液时,所产生的不溶固体的含量。混合液中不溶物的含量过多,会对泡沫的生成及其稳定性产生一定的影响。因此,一般泡沫灭火剂的沉淀物要尽量少。

(4)流动性。流动性是衡量泡沫在无外力的作用下在平面上扩散性能的指标,是衡量泡沫流动状态的性能参数。

(5)扩散系数。扩散系数是衡量泡沫液在另一种液体表面上扩散能力的参数。用表面张力仪分别测得浓度为99%的环己烷和供应商推荐的泡沫溶液表面张力以及它们之间的界面张力,其差值则为扩散系数。

(6)混合比。混合比是指灭火时泡沫液与水混合的体积分数。低倍数泡沫灭火剂通常使用两种混合比,即3%和6%型。3%型泡沫液与水的体积比为3:97;6%型泡沫液与水的体积比为6:94。因此,3%型泡沫液的有效成分浓度要比6%型的高。高倍数泡沫液的混合比一般在1.5%~6%的范围内。

(7)发泡倍数。泡沫液按规定的混合比与水混合制成混合液,则混合液产生的泡沫体积与混合液体积的比值称发泡倍数。发泡倍数的高低对泡沫的稳定性和灭火性能有一定影响。对于低倍数泡沫,发泡倍数在6~8倍的范围较好。发泡倍数低于6倍时,泡沫不够稳定。且发射时冲力较大,易于冲击燃烧的液面,使泡沫潜入可燃液体中,夹带较多的可燃液体浮出液面,因而不利于灭火。发泡倍数高于8倍时,虽然泡沫的相对密度减少,与燃烧液面的冲击力也相应减少,但泡沫的含水量较小,流动性差,灭火效果也不好。

用于液下喷射灭火时,则采用发泡倍数为2~4倍的泡沫液。因为发泡倍数太大时,泡沫在从油罐底部上升到油面的过程中,易于带较多的油品,不利于灭火。

高倍数泡沫的发泡倍数一般在500~1000倍之间。采用较低的发泡倍数时,泡沫的含水量大,流动性好,适于扑救露天的大面积油类火灾;采用较高的发泡倍数时,单位时间的发泡量大,适于迅速扑救有限空间的火灾。

(8)25%析液时间和50%析液时间,是衡量泡沫稳定性的一个指标。从开始生成泡沫,到泡沫中析出1/4质量的液体所需的时间,为25%析液时间;同样,到泡沫中析出1/2质量液体所需的时间则为50%析液时间。泡沫生成后要经历一个由较小的气泡合并成较大的气泡的过程,在这个过程中,泡沫逐渐增厚。由于重力的作用,泡沫的部分液体就流到气泡的下方,逐渐脱离气泡而析出。气泡在不断地合并,液体也不断自泡沫中析出。稳定性好的泡沫,这一过程发展得较慢,稳定性差的泡沫,这一过程则发展得很快。

(9)灭火时间。灭火时间是指向着火的燃料表面供给泡沫开始,至火焰全部被扑灭的时间。灭火时间,要用规定的燃料、燃烧面积和混合液供给强度来测量。在同样的灭火条件下,灭火时间越短,则说明泡沫的性能越好。

(10)抗烧时间。抗烧时间是衡量泡沫的热稳定性和抗烧性能的一个指标。它是指一定量的泡沫,在规定面积的火焰的热辐射作用下,被全部破坏的时间。抗烧时间越长,说明泡沫的热稳定性越好。抗烧时间有1%抗烧时间和25%抗烧时间两种,1%抗烧时间适用于中倍数泡沫,25%适用于低倍数泡沫。

三、常用泡沫灭火剂简介

（一）蛋白泡沫灭火剂（P）

蛋白泡沫灭火剂分动物蛋白和植物蛋白两种，是由动物的蹄角、毛血或豆饼、豆皮、菜籽饼等在碱液（氢氧化钠或氢氧化钙）作用下，经部分水解后，加入稳定剂、防冻剂、缓冲剂、防腐剂和黏度控制剂等添加剂，加工浓缩而成的液体。它的主要成分是水和水解蛋白。水解蛋白由具有不同分子量的经部分水解的蛋白质、多肽和低级氨基酸组成。蛋白泡沫液中还含有一定量的无机盐，如氯化钠、硫酸亚铁等。

蛋白泡沫灭火剂属空气泡沫灭火剂，平时贮存在包装桶或贮罐内，灭火时通过比例混合器与压力水流按6：94或3：97（体积）的比例混合，形成混合液，混合液在流经泡沫管枪或泡沫产生器时吸入空气，并经机械搅拌后产生泡沫，喷射到燃烧区实施灭火。

蛋白泡沫的主要优点是稳定性好，具有很长的25%的析液时间，在常温下存留较长的时间后，泡沫中仍含有一定的水分，具有较好的覆盖和封闭作用；生产原料易得，生产工艺简单，成本低，对水质等要求不高；制备工艺比其他任何合成表面活性剂的制造工艺都要简单，而且质量容易控制，可以大规模生产。它的缺点是：流动性较差，灭火速度较慢；抵抗油类污染的能力低，不能以液下喷射的方式扑救油罐火灾；不能与干粉灭火剂联合使用（其泡沫与干粉接触时，很快就被破坏）；有异味，易沉淀，储存期短。

蛋白泡沫主要用于扑救A类火灾和部分B类火灾。

扑救B类火灾时，主要用于扑救各类烃类液体火灾、动物性和植物性油脂火灾，但不能用于扑救醇、醛、酮、羧酸等极性液体火灾以及醇含量超过10%的加醇汽油火灾。

扑救A类火灾时，适用于扑救木材、纸、棉、麻及合成纤维等一般固体可燃物火灾。对固体表面火灾，蛋白泡沫有较好的黏附和覆盖作用，可封闭燃烧面并有较好的冷却及一定的降温作用，减小用水量。

（二）氟蛋白泡沫灭火剂（FP）

氟蛋白泡沫灭火剂是为克服蛋白泡沫灭火剂的缺点而于二十世纪六十年代发展起来的一种泡沫灭火剂，我国于1976年研制成功。

氟蛋白泡沫灭火剂是以蛋白泡沫为基料，添加少量氟碳表面活性剂制成的低倍泡沫灭火剂。主要由水解蛋白、氟碳表面活性剂、碳氢表面活性剂、溶剂以及必要的抗冻剂等成分组成。

氟碳表面活性剂是氟蛋白泡沫灭火剂中主要的增效剂，其主要作用是大幅度降低泡沫灭火剂或其与水的混合液的表面张力，提高泡沫液的疏油能力和流动性。氟蛋白泡沫灭火剂中加入适量的碳氢表面活性剂的作用是辅助氟碳表面活性剂发挥更好的界面性能。它不仅可以进一步降低氟蛋白泡沫灭火剂混合液与烃类液体之间的界面张力，适当提高泡沫混合液对燃料的乳化作用，还可以进一步降低氟蛋白泡沫灭火剂的剪切应力，改进泡沫的流动性能。

氟蛋白泡沫灭火剂的灭火原理与蛋白泡沫基本相同，但由于氟碳表面活性剂的作用，使它的灭火性能大大提高。这是因为：

（1）表面张力和界面张力显著降低。实验表明，蛋白泡沫液按规定混合比配制的水溶液，其表面张力为46dyn/cm（$1dyn=10^{-5}N$）左右；而氟蛋白泡沫灭火剂按规定配制的水溶液，其表面张力仅为22dyn/cm左右。同时氟碳表面活性剂还能降低灭火剂水溶液与油液之间的界面张力。表面张力和界面张力的降低使得产生泡沫所需的能量相对减少。

（2）泡沫的流动性能好，灭火速度快。实验表明，蛋白泡沫的临界剪切应力为200dyn/cm左右；而氟蛋白泡沫的临界剪切应力仅为100dyn/cm左右。因而氟蛋白泡沫的流动性比蛋白泡沫好得多。氟蛋白泡沫灭火时，能以较薄的泡沫层较快地覆盖油面，且泡沫层不易受到分隔破坏。即使由于机械作用而使泡沫层破裂或断开时，也因它有良好的流动性而能自行愈合，所以它具有良好的自封能力。蛋白泡沫和氟蛋白泡沫的灭火比较见图3-2-1。

由图3-2-1可见，由于蛋白泡沫流动性差，泡沫落到油面上要堆积到一定厚度 h 时才能向火区流动；而氟蛋白泡沫由于流动性好只在油面上堆积到1/2h时即向火区扩散，因而控制火势和灭火都比蛋白泡沫快得多。试验表明，对相同的燃料，相同的燃烧面积，使用相同的供给强度时，氟蛋白泡沫控制火势和灭火时间都要比蛋白泡沫缩短1/3以上。

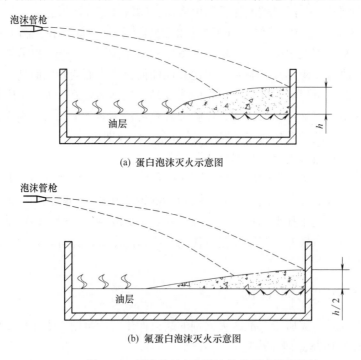

(a) 蛋白泡沫灭火示意图

(b) 氟蛋白泡沫灭火示意图

图3-2-1　蛋白泡沫与氟蛋白泡沫灭火性能比较

（3）氟蛋白泡沫抵抗油类污染的能力强，可以液下喷射的方式扑救大型油罐火灾。泡沫喷射到燃烧着的油面上时，对油面会产生一定的冲击作用。这时一部分泡沫不同程度地潜入油中，并夹带一定量的油品再浮到油面上来。当蛋白泡沫含有一定量的油时即能自行燃烧，因而使用蛋白泡沫灭火时要尽量减少泡沫与油面的冲击，以提高其灭火效果。并且也因此使它不适于以液下喷射的方式扑救挥发性较强的油类（如汽油、煤油、轻柴油等）火灾。而氟蛋白泡沫由于氟碳表面活性剂分子中的氟碳链既有疏水性，又有很强的疏油性，使它既可以在泡沫和油的交界上形成水膜，也能把油滴包于泡沫中，阻止油的蒸发，降低含油泡沫的燃烧性。据测定，蛋白泡沫中所含汽油量达到2%以上时即有可燃性，达到8.5%时即可自由燃烧；而氟蛋白泡沫中的汽油含量高达23%以上时才能自由燃烧。两者含油量与燃烧性的比较见表3-2-2。

表3-2-2　含油的蛋白泡沫和氟蛋白泡沫燃烧性能的比较

蛋白泡沫		氟蛋白泡沫	
含油率/%	燃烧性	含油率/%	燃烧性
		2.5	不燃烧
		4.0	不然烧
		4.5	不燃烧
2.0	燃烧4s,自熄	7.0	不燃烧
2.5	燃烧1.5s,自熄	8.5	不燃烧
8.5	自由燃烧,不灭	9.8	不燃烧
11.0	自由燃烧,不灭	17.0	在高温下燃烧
		23.0	基本达到自由燃烧

（4）可与干粉联用。在扑救油类火灾时，往往将泡沫灭火剂与干粉灭火剂联合使用，以便同时发挥两种灭火剂各自的长处，缩短灭火时间。干粉灭火的优点是灭火速度快，但干粉灭火的冷却作用甚微，灭火后容易产生复燃。如果把干粉与泡沫联合使用，干粉能够迅速压住火势，泡沫则覆盖在液面上，使可燃液体与空气隔绝，防止复燃。然而蛋白泡沫却不能与一般干粉联用，一般干粉中使用的防潮剂（如硬脂酸盐），对泡沫的破坏作用很大，两者一经接触，泡沫就会很快被破坏而消失。而氟蛋白泡沫由于氟碳表面活性剂的作用，使它具有抵抗干粉破坏的能力，可与各种干粉灭火剂联用。

氟蛋白泡沫灭火剂的使用范围与蛋白泡沫完全相同，此外，还可用于液下喷射方式灭火。

（三）水成膜泡沫灭火剂（AFFF）

水成膜泡沫灭火剂又称"轻水"泡沫灭火剂，它以合成表面活性剂为发泡基，添加了氟碳表面活性剂、碳氢表面活性剂、稳定剂以及其他添加剂。其溶剂为乙二醇丁醚、二乙二醇醚等，含量为15%~40%。它对氟碳表面活性剂和其他组分有助溶作用，并可增强泡沫的性能，适当降低泡沫液的凝固点。水成膜泡沫灭火剂中还含有0.1%~0.5%的聚氧化乙烯，用以改善泡沫的抗复燃能力和自封能力。

1. 水成膜泡沫灭火剂的灭火机理

水成膜泡沫灭火剂在扑救油品火灾时的灭火作用，是依靠泡沫和水膜的双重作用，其中泡沫起主导作用。

由于氟碳表面活性剂和其他添加剂的作用，"轻水"泡沫具有很低的临界剪切应力，其值为60dyn/cm左右，因而具有非常好的流动性。当把水成膜泡沫喷射到油面上时，泡沫迅速在油面上展开，与此同时，由泡沫中析出的泡沫混合液立即在泡沫与燃料之间的界面处形成一层水膜。随着泡沫析液速度的增加，水膜沿着燃料表面向泡沫覆盖区域以外的方向扩散。不论是泡沫覆盖层下面的水膜，还是泡沫覆盖层以外的水膜，在它们与燃料之间的界面处，氟碳表面活性剂分子都是呈定向排列，分子中的亲水基朝向水膜一方，疏油疏水基朝向燃料一方，定向排列的氟碳表面活性剂分子在水膜与燃料表面的交界处，形成一个抑制燃料蒸发的屏障，使燃料的蒸发速度迅速下降。水膜上方的泡沫层有效地经受了火焰和辐射热的进攻，泡沫中析出的混合液使燃料表面迅速冷却，可以保证泡沫层下方的水膜长时间地封闭油面，使燃油与空气隔绝、阻止燃油的蒸发。泡沫层以外的水膜，由于其耐热能差，仅存在于泡沫层的边缘处。水膜的存在对泡沫层的扩散是非常有益的，有助于迅速灭火并结合水膜的作用把火扑灭。

综上所述，水成膜泡沫的灭火作用是：当把水成膜泡沫喷射到燃油表面时，泡沫一面在油面上展开，一面析出液体，在油面上形成一层水膜；水膜与泡沫层共同抑制燃油的蒸发，使燃油与空气隔绝，并使泡沫迅速向尚未灭火的区域进行灭火。

2. 水成膜灭火剂的特点

水成膜泡沫灭火剂的优点是：水成膜泡沫具有极好的流动性，它在油面上堆积的厚度仅为蛋白泡沫的1/3时，就能迅速扩散，再加上水膜的作用，更能迅速扑灭火焰；应用方式多，水成膜泡沫可与各种干粉联用，亦可采用液下喷射的方式扑救油罐火灾。

水成膜泡沫灭火剂的缺点是：25%的析液时间很短，仅为蛋白泡沫或氟蛋白泡沫的1/2左右，因而泡沫不够稳定，容易消失；抗烧时间很短，仅为蛋白泡沫或氟蛋白泡沫的40%多一点，因而对油面的封闭时间短，防止复燃和隔离热液面的性能较差。

3. 水成膜灭火剂应用

水成膜灭火剂主要用于扑救B类火灾中的一般非水溶性可燃、易燃液体的火灾；具有良好的流动性和封闭性，不仅可用于扑灭静止的平面火，对流动的流淌火也有效。

水成膜泡沫具有很低的表面张力和优良的扩散性能与渗透性，对固体物质火灾有很好的灭火效果。对橡胶、塑料及其他聚合物材料在火灾时融化形成A、B类火灾共存的情况，使用水成膜泡沫可取得理想的灭火效果。

石油产品泄漏或溢流时，可覆盖水成膜泡沫防止火灾发生，也可采用液下喷射方法扑救油罐火灾；在跑道喷洒水成膜灭火剂，防止飞机迫降时机身摩擦起火。

水成膜灭火剂不能用于扑救碱金属、轻金属以及其他遇水反应物质的火灾，不能用于扑救常温、常压下以气态形式存在的物质火灾，不能用于扑救带电设备的火灾。

（四）抗溶性泡沫灭火剂（AR）

水溶性可燃液体，例如醇、酯、醚、醛、酮、有机酸和胺等，由于它们的分子极性较强，能大量吸收泡沫中的水分，使泡沫很快被破坏而不起灭火作用，所以不能用蛋白泡沫、氟蛋白泡沫和水成膜泡沫来扑救，而必须用抗溶性泡沫来扑救。目前，抗溶性泡沫灭火剂主要有六种类型：

（1）金属皂型抗溶性泡沫灭火剂。它是以水解蛋白为基料，添加脂肪酸的锌、镉、铝等有机金属盐而制成。如KR-765耐寒耐海水型抗溶性泡沫灭火剂，以蹄角粒水解蛋白液添加金属皂络合物盐制成，具有良好的耐寒、耐海水性能。

（2）高分子型抗溶性泡沫灭火剂。这是以水解蛋白或合成表面活性剂为发泡剂，添加海藻酸盐一类的天然高分子化合物而制成的。如YEKH6%型抗溶性泡沫灭火剂，是以高分子生物胶、复合发泡剂和氟碳表面活性剂等为原料，用最新工艺配置的多功能灭火剂。

（3）触变型抗溶泡沫灭火剂。由氟碳表面活性剂和多糖制成。如YEKF6%型抗溶性氟蛋白泡沫灭火剂，该灭火剂由氨基酸型氟表面活性剂、耐液性添加剂、氟碳表面活性剂、水解蛋白、胶化防止剂等原料配制而成，除具有氟蛋白的特点外，还可在醇类等水溶性物质表面形成一层聚合物胶膜，靠泡沫和胶膜的双重作用，迅速而有效地隔绝空气，窒息灭火。

（4）氟蛋白型抗溶泡沫灭火剂。在蛋白泡沫液中添加特制的氟碳表面活性剂和多价金属盐制成。如环保型氟蛋白抗溶泡沫灭火剂。氟蛋白抗溶泡沫灭火剂（也称多功能氟蛋白泡沫灭火剂）是在氟蛋白泡沫灭火剂中加入适量的抗醇剂、助剂等精制而成。

（5）以硅酮表面活性剂为基料的抗溶性泡沫灭火剂。

（6）环保型抗溶性水成膜泡沫灭火剂。抗溶性水成膜泡沫灭火剂是在水成膜泡沫灭火剂组份的基础上添加了溶胶，配制而成。

抗溶性泡沫主要应用于扑救乙醇、甲醇、丙酮、乙酸乙酯等一般水溶性可燃液体的火灾；不宜用于扑救低沸点的醛、醚以及有机酸、胺类等液体的火灾。它虽然也可以扑救一般油类火灾和固体火灾，但因价格较贵，一般不予采用。

（五）高倍数泡沫灭火剂

以合成表面活性剂为基料，发泡倍数达数百乃至上千的泡沫灭火剂称为高倍数泡沫灭火剂。

高倍数泡沫的特点是：

① 气泡直径大，一般在10mm以上。

② 发泡倍数高，可高达1000倍以上。

③ 发泡量大，大型高倍数泡沫产生器可在1min内产生1000m³以上的泡沫。

由于这些特点，高倍数泡沫可以迅速充满着火的空间，使燃烧物与空气隔绝，窒息灭火。尽管高倍数泡沫的热稳定性较差，泡沫易被火焰破坏，但因大量泡沫不断补充，破坏作用微不足道，仍可迅速覆盖可燃物，扑灭大火。

灭火的主要特点：灭火强度大、速度快；水渍损失少，容易恢复工作；产品成本低；无毒，无腐蚀性。

高倍数泡沫主要适用于非水溶性可燃液体火灾和一般固体物质火灾。特别适用于汽车库、可燃液体机房、洞室油库、飞机库、船舶舱室、地下建筑、煤矿坑道等有限空间的火灾。也适用于扑救油池火灾和可燃液体泄漏造成的流散液体火灾。

高倍数泡沫由于相对密度小，流动性较好，在产生泡沫的气流作用下，通过适当的管道可以被输送到一定的高度或较远的地方去灭火。

采用高倍数泡沫灭火时，要注意进入高倍数泡沫产生器的气体不得含有燃烧产物和酸性气体，否则泡沫容易被破坏。

四、泡沫灭火剂的贮存与检查

1. 泡沫灭火剂的贮存要求

（1）包装容器要耐腐蚀。各类泡沫灭火剂应根据其腐蚀率的大小，分别选用铁桶和塑料桶包装。抗溶性泡沫灭火剂有较强的碱性，对金属的腐蚀性较强，应采用塑料桶包装；若必须用金属容器包装时，桶壁应进行防腐处理。其他各类泡沫灭火剂的腐蚀性较小，可用铁桶包装，包装桶内壁也应加以适当的防腐处理。

（2）贮存环境和温度要适宜，泡沫灭火剂应贮存在阴凉、干燥的地方，不能置于露天曝晒。环境温度上限一般为40℃，下限按其流动点上推2.5℃。

（3）盛装要保持密封。容器应尽量装满药剂，并密封好。蛋白泡沫液和氟蛋白泡沫液如长期与空气接触，会受大气中氧的作用而老化变质；而作为泡沫稳定剂的二价铁盐也会被氧化成为高价铁盐而失去其稳定作用。水成膜泡沫、高倍数泡沫等合成泡沫灭火剂如长期敞口贮存，其中的一些溶剂会部分挥发，使各组成分的比例发生变化而变质。

（4）切忌互相混合。不同类型的泡沫灭火剂，或者同一类型而不同工艺制成的泡沫灭火剂不能混合。因为互相混合会导致其表面、界面性能恶化，发生沉淀、混浊等现象，使泡沫性能显著降低。此外，泡沫灭火剂也不能与其他类型的灭火剂以及油、醇、酸、碱等类物质混合。

2. 泡沫灭火剂的检查方法

（1）新出厂的泡沫灭火剂，其性能指标应符合公安部或各生产厂家规定标准的要求。检查贮存环境是否符合要求，包装容器是否密封，有无严重腐蚀。

（2）对贮存期已超过两年的泡沫灭火剂每年应抽样送有关单位分析检验。测定其发泡倍数、25%的析液时间和灭火时间，以确定有无明显变质。若有明显变质，应停止使用；变质不严重的可继续使用，但要加大混合比或泡沫供给强度，其加大范围应视具体情况而定。

五、A类泡沫灭火剂

A类泡沫灭火剂是专门为扑救A类火灾而研制的一种低混合比的泡沫灭火剂，也叫A类泡沫浓缩液或A类泡沫液。最早被国外林业部门用于扑救森林火灾，20世纪90年代被国外一些消防部门用于扑救城市建筑火灾，具有灭火速度快、用水省、水渍损失少等优点。

使用时，A类泡沫灭火剂可以通过自动压缩空气泡沫灭火系统中的相应器材，与水按一定比例混合后形成泡沫混合液，泡沫混合液再同压缩空气按一定比例，在管路或水带中混合，发生充分的扰动而产生细小、均匀的灭火泡沫，即A类泡沫。

（一）组成

A类泡沫液是以碳氢化合物为基础的表面活性剂，淡黄色、微甜、pH值为6.0～9.5。简言之，它是高浓度的餐具洗涤剂。

A类泡沫则主要由A类泡沫液、水和压缩空气组成。

在A类泡沫中，水仍然是最主要的部分；A类泡沫液则改变水的物理性能，主要起到润湿和降低水表面张力的作用；压缩空气使泡沫混合液预混发泡。

（二）灭火原理

A类泡沫灭火效率取决于它带到燃料中的水量，A类泡沫中90%是水，最多1%的添加剂可以提高水作为灭火剂的效率。与水作为灭火剂相同，A类泡沫能灭火主要是靠吸热；添加的泡沫浓缩液虽然不能改变水吸收热量的能力，但产生的泡沫增加了水的表面积，因此可以更快地将液态水转化为水蒸气；同时A类泡沫可以在A类燃料上形成绝缘层隔离燃料与氧气，并保护未燃烧的燃料或刚刚被扑灭的表面，以免出现被引燃或复燃；另外A类泡沫中的表面活性剂可以降低水的表面张力，使水能够渗透进燃料而不流失。水和A类泡沫混合后再同压缩空气均匀混合见图3-2-2。

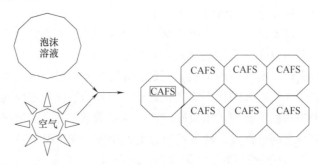

图3-2-2 水和A类泡沫混合后再同压缩空气均匀混合

（三）使用特点

1. A类泡沫的优点

（1）A类泡沫能更快地抑制A类火灾。

（2）提高了水的灭火效率。通过CAFS产生2000L的A类泡沫，其灭火能力与10000～20000L水相当；这是由于少量的表面活性剂可以大大降低水地表面张力，提高水的润湿能力和渗透力。

（3）A类泡沫所具有的附着在大多数表面上的能力可以大大减少水的流失，从而减少由水引起的破坏，用水量的减少可以减轻灭火时对建筑物坍塌造成的影响，也可以降低灭火时的水渍损失。

（4）A类泡沫灭火成本低。A类泡沫的配比在0.1%～1.0%，而B类泡沫的配比为3%～6%。当配比是0.3%时，3L的A类泡沫浓缩液和997L水可以生成1000L的A类泡沫混合液。

（5）有利于保护火灾起因的证据。A类泡沫的润湿性能使泡沫能渗透并扑救易燃A类材料深层部位，这减少了火场必要的人工清理工作，使火灾现场更好地被保护。

（6）能减少消防员的压力和疲劳。A类泡沫可以减轻消防员的劳动强度，因为它的水带更轻。

2. A类泡沫的缺点

（1）装备和人员培训成本相对较高。A类泡沫灭火剂通过CAFS使用时，CAFS的价格是吸入式泡沫系统的6倍甚至更高。

（2）A类泡沫浓缩液有腐蚀性。与其他泡沫液一样，A类泡沫浓缩液是一种腐蚀剂，可能腐蚀金属罐体。另外，泡沫液可能导致操作人员暴露的皮肤干燥、粗糙。

（3）长期的环境影响还没有确定。使用泡沫造成的环境影响，尤其是A类泡沫，还没有完全确定。此外，灭火后带有不少泡沫的水进入市政下水管道后是否造成泡沫堵塞还不明确。

（4）A类泡沫中干泡沫在顶板和垂直表面的附着力也有待实验研究，光滑表面和粗糙表面地附着力显然不同。

（四）应用范围

A类泡沫灭火剂主要用来扑救A类火灾，当A类泡沫灭火剂的混合比加大到0.5%～1.0%时，也可以扑救普通的B类火灾，但抗烧性能低于B类泡沫。

（五）储存

A类泡沫灭火剂不能与B类泡沫灭火剂混合，不同的A类泡沫灭火剂不能混合，并且应储存在密封容器内。储存有效期一般为15～20年。

思考题

1. 泡沫灭火剂按照不同标准分为哪些类型？

2. 简述B类泡沫的灭火原理。

3. 简述水成膜泡沫灭火剂的优缺点。

第三节　干粉灭火剂

● 学习目标

1.了解常见的干粉灭火剂的分类。
2.熟悉干粉灭火剂的技术要求和储存方法。
3.掌握干粉灭火剂的灭火机理。

干粉灭火剂是一种用于灭火的干燥、易于流动的细微固体粉末，又称化学粉末灭火剂。干粉灭火剂一般由具有灭火性能的碳酸氢钠、碳酸氢钾、磷酸二氢铵、硫酸钾、氯化钾等和经验分子式为 $KC_2N_2H_3O$、$NaC_2N_2H_2O$ 的化合物等为基料，加入改进其物理性能的流动剂和防结块剂等，经粉碎、混合制成。干粉灭火剂因其灭火效率高、灭火速度快、可在低温环境下使用、电绝缘性能优异、使用方便、储存期长等特点而得到广泛应用。一般借助于灭火器或灭火设备中的气体压力，将干粉从容器中喷出，以粉雾气流的形式扑灭火灾。

一、分类

一般把干粉灭火剂分为普通干粉灭火剂、超细干粉灭火剂和金属火灾干粉灭火剂。

（一）普通干粉灭火剂

普通干粉灭火剂是应用最早、最普遍的一类灭火剂。按其灭火性能又分为BC干粉灭火剂和ABC类干粉灭火剂，其中ABC类灭火剂又称为多用灭火剂。BC干粉灭火剂主要用于扑救可燃液体火灾、可燃气体火灾以及带电设备的火灾；ABC类干粉灭火剂不仅适于扑救可燃液体、可燃气体和带设备的火灾，还适于扑救一般固体物质火灾。

BC干粉灭火剂主要品种有：
（1）以碳酸氢钠为基料的碳酸氢钠干粉，也称小苏打干粉或钠盐干粉。
（2）以碳酸氢钠为基料，但又添加增效基料的改性钠盐干粉。
（3）以碳酸氢钾为基料的紫钾盐干粉。
（4）以氯化钾为基料的钾盐干粉。
（5）以硫酸钾为基料的钾盐干粉。
（6）以尿素与碳酸氢钾（或碳酸氢钠）反应物为基料的氨基干粉（monnex干粉）。
在上述诸种干粉中，氨基干粉（钾盐）的灭火效率最高，碳酸氢钠干粉的灭火效率最低。
ABC干粉灭火剂主要品种有：
（1）以磷酸盐（如磷酸氢二铵、磷酸铵或焦磷酸盐）为基料的干粉。
（2）以硫酸铵与磷酸铵盐的混合物为基料的干粉。
（3）以聚磷酸铵为基料的干粉。

（二）超细干粉灭火剂

超细干粉灭火剂是指90%粒径不大于20μm的固体粉末灭火剂。90%粒径是指某粒径的颗粒所占的质量百分比为90%，则该粒径称为90%粒径。

超细干粉灭火剂按其灭火性能分为BC超细干粉灭火剂和ABC超细干粉灭火剂。BC超细干粉是指能扑救B类、C类和带电设备火灾的超细干粉灭火剂，ABC超细干粉是指能扑灭A类、B类、C类和带电设备火灾的超细干粉。

超细干粉灭火剂对大气环境无不良影响，不会破坏臭氧层，也不会产生温室效应，对人体无毒无害。

（三）金属火灾干粉灭火剂

随着航空工业、原子能工业的发展，钠、钾等碱金属和镁、铝、钛等轻金属以及铀、钍等放射性元素的生产量和使用量越来越大，这类金属都属于可燃烧的金属。金属及其合金（混合物）燃烧时，本身的温度很高，放出大量的热，有时还会伴随着爆炸。扑救这类火灾时，必须用专用的金属火灾灭火剂。金属火灾灭火剂有两种类型，一种是粉末灭火剂，一种是液体灭火剂。用于扑救金属火灾的粉末灭火剂为金属火灾灭火剂，又称D类干粉灭火剂。

金属火灾（D类）干粉灭火剂有多种产品，根据组成的不同，主要分为石墨类、氯化钠类、碳酸钠类。

二、技术要求

干粉灭火剂的毒性、松密度、粒度分布、斥水性、抗结块性、耐低温性、电绝缘性、喷射性能、灭火效能必须符合有关技术标准的要求。

三、灭火机理

干粉灭火剂平时贮存于干粉灭火器或干粉灭火设备中。

灭火时靠加压气体（二氧化碳或氮气）的压力使干粉从喷嘴射出，形成一股夹着加压气体的雾状粉流，射向燃烧物。当干粉与火焰接触时，便发生一系列的物理、化学作用，将火扑灭。

（一）对有焰燃烧的灭火作用

1. 对燃烧的抑制作用

燃烧反应是一种连锁反应。以烃类为例，燃料在高温火焰或其他形式的能量的作用下，吸收了活化能而被活化，产生大量的活性基因，但在氧的作用下又被氧化成为不活性物（水和二氧化碳等）。其过程大体为：

$$RH \xrightarrow{\triangle} R\cdot + H\cdot$$
$$H\cdot + O_2 \longrightarrow OH\cdot + O\cdot$$
$$OH\cdot + RH \longrightarrow H_2O + R\cdot$$
$$O\cdot + RH \longrightarrow R\cdot + OH\cdot$$

这些反应式中的OH·和H·是维护燃烧连锁反应的活性基团。它们与燃料分子作用，不断生成新的活性基团和氧化物，同时放出大量的热，维持燃烧连锁反应的继续进行。

当把干粉射向燃烧物时，粉粒便与火焰中的活性基团接触而把它瞬时吸附在自己的表面，并发生如下反应：

$$M(粉粒) + OH\cdot \longrightarrow MOH$$

$$MOH + H \cdot \longrightarrow M + H_2O$$

上面反应式中，M代表干粉中的灭火组分。火焰中这些活泼的OH·和H·在粉粒表面结合形成了不活泼的水。所以借助粉粒的作用，可以消耗火焰中活性基团H·和OH·。粉粒的这种灭火作用称为抑制作用。

试验表明：碱金属的盐类对燃烧的抑制作用随碱金属原子序数的增加而增加，即：锂盐<钠盐<钾盐<铷盐<铯盐。

此外，粉粒的大小也与其灭火效力有关。同一化学成分的粉粒，其粒径越小，则与火焰的接触面积越大，所吸收的活性基团也越多，从而对燃烧的抑制作用也越大。

有些化合物，如含有一个结晶水的草酸钾（$K_2C_2O_4 \cdot H_2O$），尿素与氢氧化钠、氢氧化钾的反应产物（$NaC_2H_3O_3$，$KC_2H_3O_3$），当与火焰接触时，其粉粒受高热的作用，晶体爆裂，可以爆裂成为许多更小的颗粒，这种现象称为"烧爆"。由于烧爆，火焰中粉末的比表面积急剧增大，与火焰的接触面积大大增加，因而表现出很高的灭火效力。氨基干粉的灭火效力约为碳酸氢钠干粉的3～4倍，烧爆现象是其主要原因之一。

2. 其他灭火作用

使用干粉灭火时，浓云般的粉雾包围了火焰，可以减少火焰对燃料的热辐射；同时粉末受高温的作用，将会放出结晶水或发生分解，这样不仅可吸收部分热量，显热变为潜热，而且分解生成的不活泼气体又可稀释燃烧区内氧的浓度，燃烧反应不能持续下去，从而使火焰熄灭，当然这些作用对灭火的影响远不如抑制作用大。

（二）对一般固体物质表面燃烧的灭火作用

以磷酸铵盐为基料的干粉灭火剂不仅可以扑灭有焰燃烧，而且还能扑灭一般固体物质的表面燃烧。以磷酸二氢铵为例，其粉粒落到灼热的燃烧物表面时，发生一系列的化学反应：

$$NH_4H_2PO_4 \overset{\triangle}{\longrightarrow} NH_3 + H_3PO_4$$

$$H_3PO_4 \overset{\triangle}{\longrightarrow} HPO_3 + H_2O$$

$$H_3PO_4 + H_2O \longrightarrow 聚磷酸铵$$

上述反应生成的偏磷酸（HPO_3）和聚磷酸盐在固体表面的高温下被熔化并形成一个玻璃状覆盖层，它能渗透到燃烧物表面的细孔中。这层玻璃状覆盖层将固体表面与周围空气中的氧隔开，使燃烧窒息。被熔化的偏磷酸和聚磷酸盐渗入燃烧物细孔的深度并不大，但这个深度对扑灭一般固体物质的表面燃烧是足够的，它具有阻止复燃的作用。

另外，磷酸二氢铵、硫酸铵等化合物还具有导致炭化的作用。它们遇热分解会产生一种酸性物质，可使木材主要成分木质素和纤维素脱水炭化。炭化层是热的不良导体，附着于着火固体表面可使燃烧过程变得缓慢。

（三）超细干粉灭火剂的灭火原理

由于超细干粉灭火剂和普通干粉灭火剂的组分基本相同，所以灭火原理也大致相同。与普通干粉不同的是超细干粉灭火剂颗粒细，粒子比表面积大，活性高，捕获自由基能力强，抑制燃烧进行的化学反应充分，灭火效能急剧升高。另外，超细干粉灭火剂粒径小，可以绕过障碍物进入细小的空隙，喷射后粒子在空气中有较长的悬浮时间，易形成均匀分散、悬浮于空气中相对稳定的气溶胶，更适用于以全淹没方式灭火。

四、几种常用的干粉

（一）碳酸氢钠干粉

碳酸氢钠干粉是普通干粉的一种，碳酸氢钠干粉的组成见表3-3-1。

表3-3-1 碳酸氢钠干粉的组成

碳酸氢钠/%	滑石粉/%	云母粉/%	硬脂酸镁/%
92~94	2~4	2	2

碳酸氢钠干粉具有产品成本低、应用范围广、灭火速度快等优点，其缺点是：流动性和斥水性差，灭火效力低。为了克服这些缺点，采用了全硅化防潮工艺。全硅化干粉的防潮和抗结块性能显著提高，具有流动性好、贮存期长、不易受潮结块等优点，灭火效能有所提高。

碳酸氢钠干粉灭火剂的主要性能要求见表3-3-2。

表3-3-2 碳酸氢钠干粉灭火剂的主要性能要求

检测项目		技术指标
松密度/(g/mL)		≥8.5
比表面积/(cm²/g)		2000~4000
含水率/%		≤0.20
吸湿率/%		≤2.00
流动性/s		≤8.0
结块趋势	针入度	≥16.0(表面松散)
	斥水性/s	≥5
低温特性/s		≤5
粒度分布/%	60目以上	0.0
	60~100目	0.0~5.0
	100~200目	5.0~20.0
	底盘	75.0~95.0
充填喷射率/%		≥90
灭火效能		三次试验至少二次灭火

（二）氨基干粉

氨基干粉是一种新型高效干粉灭火剂。

氨基干粉的基料为Monnex粉，它是尿素与氢氧化钠（或氢氧化钾）的反应产物。氨基干粉最显著的优点是：比同类的干粉灭火效力高，灭火速度快。它的灭火效力约为碳酸氢钠干粉的3~4倍。

（三）磷铵干粉

磷铵干粉属于多用干粉。

磷铵干粉是以磷酸盐（磷酸二氢铵和磷酸氢二铵）为主要基料，加入硫酸铵、各种添加剂和硅油等制成，并采用全硅化防潮工艺，使干粉颗粒形成疏水的保护层，达到防潮、防结块的目的。

国产全硅化磷铵干粉的主要成分及性能见表3-3-3。

表3-3-3　国产全硅化磷铵干粉成分及性能

项目		要求
成　分	$NH_4H_2PO_4$	试剂或工业级,≥75%(质量分数)
	$(NH_4)_2SO_4$	工业级,≤20%
	添加剂	≤5%
性　能	松密度/(g/mL)	0.80 ~ 1.00
	含水量	≤0.2%
	吸湿量	≤1.5%
	流动性/s	≤25
	结块和黏结趋向针入度	≥15(表面不结块)
	比表面积/(cm^2/g)	1800 ~ 3000
	充填喷射率	≥90%
	低温特性,−54℃	能自由流动
	水面浮置试验,24h	不结成块
	排水性试验,24h	不结成块

为改善磷铵干粉灭火剂的灭火性能，可加入碳酸盐，如在$NH_4H_2PO_4$+$(NH_4)_2SO_4$体系中加入$MgCO_3$（反应：$NH_4H_2PO_4+MgCO_3\longrightarrow NH_4MgPO_4+CO_2+H_2O$），因而产生充满$CO_2$的气泡状泡沫层。这种白色坚固的变化泡沫塑料状的覆盖层能牢固地黏附至燃烧物如木头、金属等的表面，从而切断与空气的接触而灭火。

此外，在$NH_4H_2PO_4$中添加亚氨基磺酸铵也可起到类似的效果。因为亚氨基磺酸铵会使$NH_4H_2PO_4$的熔点由190℃下降到150 ~ 160℃，从而使得$NH_4H_2PO_4$遇火后更易熔融，从而迅速隔断燃烧物表面与空气的接触而灭火。

磷铵干粉灭火剂，国外早已广泛使用，我国也小批量生产。因材料来源不足，产品成本高，价格较贵，未能推广使用。

五、贮存要求和检查方法

（一）贮存要求

（1）干粉灭火剂应用塑料袋包装，热后密封，外层应加保护包装。

（2）干粉灭火剂应放在通风干燥处，在40℃以下的环境中贮存。干粉的堆垛不宜过高，以免压实结块。

（3）对储存的干粉灭火剂定期进行检查，观察包装是否密封，干粉有无结块现象以及含水率是否符合标准要求。

（二）检查方法

（1）出厂的干粉灭火剂应进行全面质量检查，其性能应符合国家标准或各厂自定标准的要求。

（2）对贮存的干粉，应定期检查其包装是否密封，是否吸潮结块。如发现吸潮，应烘干后再继续贮存。

（3）对于超过有效期的干粉，在灌装之前应送有关部门进行鉴定，以确定能否继续使用。

思 考 题

1. 简述干粉灭火剂的灭火原理。
2. 干粉灭火剂适用于哪些火灾扑救？
3. 干粉灭火剂有哪些分类方式？

第四节　气体灭火剂

学习目标

1. 了解常见气体灭火剂的特点。
2. 熟悉七氟丙烷灭火剂的灭火原理及特点。
3. 掌握二氧化碳灭火剂的灭火机理。

气体灭火剂具有挥发快、不导电、喷射后不留残余物、不会引起二次破坏等优势，常常用来保护特殊重要的、具有较高保护价值的场所。气体灭火剂一般可分为二氧化碳灭火剂、卤代烷烃类灭火剂以及惰性气体灭火剂。

一、二氧化碳灭火剂

二氧化碳是一种不燃烧、不助燃的惰性气体。它易于液化，便于装罐和贮存，制造方便，是一种应用比较广泛的灭火剂。近几年来，由于卤代烷灭火剂的使用限制，二氧化碳灭火剂的应用有扩大的趋势。

（一）物理性质

二氧化碳有三种物理状态，即气态、液态和固态。固态的二氧化碳又称为干冰，是一种白色的结晶物。二氧化碳以哪一种物理状态存在取决于它的温度和压力。常温常压下，纯净的二氧化碳是一种无色、无味、不导电的气体，在0℃时，对空气的相对密度为1.529。二氧化碳的其他物理性质见表3-4-1。

表3-4-1　二氧化碳的物理性质

项　目	条　件	单　位	常　数
分子量			44
气体密度	标准状况下	g/L	1.964
液体密度	0℃,3.44MPa	g/cm³	0.914
	20℃	g/cm³	0.766

续表

项　目	条　件	单　位	常　数
溶点	0.5MPa	℃	−56.7
	5.65MPa	℃	20
沸点	0.1MPa	℃	−78.5
升华点临界温度	0.1MPa	℃	31.3
临界压力		MPa	7.38
临界密度		g/cm³	0.46
汽化热		J/g	578

（二）化学性质

二氧化碳是一种稳定性很好的惰性化合物，因此，在常温下它很少与其他物质发生化学反应。但在高温下，二氧化碳能同钾、镁、氢、碳等强还原剂起反应。如二氧化碳同镁进行的反应如下：

$$CO_2 + Mg == MgO + CO$$

$$CO + Mg == MgO + C$$

二氧化碳还原反应时，析出的炭呈烟黑状，很易发现。

二氧化碳在与赤热的焦炭相互作用时，会生成有毒的一氧化碳：

$$CO_2 + C == 2CO + 172kJ(41.2kcal)$$

这时，生成的一氧化碳与二氧化碳处于平衡状态。

由于二氧化碳与赤热的炭作用有生成有毒的一氧化碳危险，所以，不能用二氧化碳扑救赤热炭和轻金属火灾。此外，在扑救轻金属火灾时，还有发生爆炸的危险。

二氧化碳能溶于水，部分生成酸性很弱的碳酸，因此含水的二氧化碳常常稍带酸味。碳酸是一种很弱的酸，在灭火时，二氧化碳与水相遇后，溶解的二氧化碳很少，对一般物质不会构成腐蚀。在无水情况下，二氧化碳会迅速挥发，实际上在灭火过程中不会产生任何腐蚀作用。

二氧化碳是一种弱毒气体，它对人体的危害，主要是窒息作用。在空气中含有2%～4%（体积比）二氧化碳时，中毒的初步症状是呼吸加快。在浓度增至4%～6%时，开始出现头疼、耳鸣和剧烈的心跳等症状，呼吸次数显著增加。6%～10%的二氧化碳突然作用于人时会使人失去知觉，但是在浓度缓慢上升时，人会习惯于它的作用。人可以在这样的气体中停留1h，但这时人的工作能力要降低。当空气中含有20%的二氧化碳时，人就会死亡。

（三）灭火原理

二氧化碳的灭火作用主要是窒息作用。在常压下，液态的二氧化碳立即汽化。将二氧化碳施放到起火空间，由于二氧化碳气体具有较高的密度，这一特性可使大量的二氧化碳气体包围在燃烧物的周围或分布在被保护的密封空间中，可以降低燃烧物周围或空间内空气中的氧含量，由于二氧化碳的增加而使空间的氧气含量减小，当氧气的含量低于12%或二氧化碳的浓度达到30%～35%时，绝大多数的燃烧都会熄灭，从而对燃烧起到窒息作用。1kg的液体二氧化碳在常温常压下能生成的二氧化碳气体足以使1m³空间范围内的火焰熄灭。燃烧能否因窒息而熄灭，决定于空间的氧含量和燃烧物的性质，也就是充入空间的二氧化碳气体能否将空间中的大气氧含量降低到维持可燃物燃烧的极限氧含量以下。

二氧化碳由液态变成气态时，每公斤二氧化碳将吸收577.4kJ的热量，但是这些热量并非完全来自燃烧区，而是有相当大的部分来自二氧化碳本身，因为当二氧化碳汽化时有30%的二氧化碳凝结成雪花状的固体而放出热量，所以二氧化碳灭火时的冷却作用不大。

（四）应用范围

二氧化碳是一种惰性气体，无腐蚀性，对绝大多数物质无破坏作用，灭火后能很快逸散，不留痕迹。它最适于扑救可燃液体和那些受到水、泡沫、干粉等灭火剂的沾污容易损坏的固体物质火灾。另外，二氧化碳是一种不导电的物质，可以用来扑救带电设备的火灾。

1. 二氧化碳特别适于扑救的火灾

（1）电气设备火灾（6000V以下）。如可燃油浸电力变压器室、充装可燃油的高压电容器室、多油开关室、发电机房等。

（2）精密仪器、贵重设备火灾。如通信机房、大中型电子计算机房、电视发射塔的微波室、贵重设备室等。

（3）图书档案火灾。如图书馆、档案库、文物资料室、图书馆的珍藏室等。

2. 二氧化碳不适于扑救的火灾

（1）自己能供氧的化学药品，如硝酸纤维、火药等。

（2）活泼金属及其氢化物，如锂、钠、钾、镁、铝、锑、钛、镉、铀、钚等。

（3）能自燃分解的化学物品，如某些过氧化物、联氨等。

（4）内部阴燃的纤维物。

3. 二氧化碳灭火剂的缺点

（1）贮气钢瓶的压力高。

（2）灭火浓度大。

（3）二氧化碳在膨胀时能产生静电放电，有可能引起着火。

二、七氟丙烷灭火剂

由于卤代烷1211、1301灭火剂对大气臭氧层的耗损破坏，其危害了人类的生存环境，最终将被停止使用。七氟丙烷（HFC-227ea）是目前为止研究开发比较成功的一种洁净气体灭火剂。HFC-227ea灭火剂是以物理灭火方式为主的气体灭火剂，分子式为CF_3CHFCF_3，其化学名称为七氟丙烷。其特点是无色、无味、不导电、无二次污染，对臭氧层的耗损潜能值（ODP）为零，解决了长期使用的环保要求。

（一）灭火原理及特点

七氟丙烷主要依靠在火场中释放游离基，通过化学抑制作用中止燃烧反应。另外，七氟丙烷在汽化阶段吸热，还能迅速冷却火场温度。

（1）环保。七氟丙烷为无色无味的气体，不含溴和氯元素，对大气中臭氧层无破坏，在大气中存留的时间较短；

（2）安全。七氟丙烷可扑救A类、B类、C类各类型火灾，能安全有效地使用在有人的任何场所，是国际公认的对人体无害的灭火药剂；

（3）高效。七氟丙烷灭火速度快、效率高，通常在10s内能完全扑灭火灾；

（4）洁净。七氟丙烷是不导电介质，且不含水性物质，不会对电气设备、磁带资料等造成损害；不含有固体粉尘、油渍，液态储存，气态释放。喷放后可自然排出或由通风系统迅速排除，现场无残留物、无污染，处理方便。

（二）适用范围

（1）防护的设施含贵重物品、无价珍宝或珍贵的档案、软硬件等。

（2）无自动喷水灭火系统或使用水系统会造成水损的场所。

（3）药剂喷放后清洗残留物有困难的场所。

（4）可扑灭A、B、C各类火灾，能安全有效地使用在有人的场所。

（5）药剂存放空间有限，需用少量灭火剂达到灭火效果的场所。

（6）易燃和可燃液体火灾，如烃类、醇类、苯类及其他有机溶剂类的火灾。

（7）灭火前应能切断气源的气体火灾。

（8）可燃固体的表面火灾。

（9）带电设备的火灾。

（10）防护对象为电气设备，需使用非导电性灭火剂的场所。

（11）数据处理中心、电信通信设施、数控中心、昂贵的工业设备、图书馆、博物馆及艺术馆、应急电力设施和易燃液体储存区。

（三）不适用范围

（1）金属氢化物的储存场所。

（2）有硝化纤维和黑火药等无空气仍能迅速氧化的化学物质。

（3）活泼金属（如钠、钾、镁及锆）或金属联氨的存放、生产场所。

（4）能自行分解的化学物质的火灾：如某些有机过氧化物。

（5）含有氧化材料的混合物：如氯酸钠或硝酸钠。

（6）能自燃的物质。

（7）强氧化剂：如氧化氮、氟气等。

三、惰性气体灭火剂

许多年来，人们使用一系列的气体，包括氮气、氩气等成功地防止了易燃混合物的着火或扑灭了火灾，特别是易燃液体或气体的火灾。这些方法是基于这样一种认识，即如果有足够的惰性气体导入燃烧的空间，就能把火扑灭，灭火浓度必须在该空间中保持一段足够长的时间，以防复燃。这种灭火方法历来被解释为它使燃料或氧气的浓度减少到了足以防止燃烧的程度。现代的火灾动力学表明，灭火机理还与"增加的惰性气体能起镇热物的作用有关"，它可把火焰/蒸气混合物的温度降低到维持燃烧所需的极限绝热火焰温度之下，惰性气体灭火剂实际上能吸收燃烧能量，其热容量是惰化易爆炸或燃烧物质的重要原因。

作为清洁的全淹没式灭火剂，IG-01、IG-100、IG-55灭火剂以及IG-541四种惰性气体灭火剂已经商品化。它们都是无色、无味、不导电的气体。

IG-55、IG-541、IG-100灭火剂密度大约与空气密度相等；IG-01灭火剂在环境温度为20℃时，其密度大约是空气密度的1.4倍。这四种惰性气体灭火剂主要靠降低保护区域内氧浓度的物理方式灭火。

对于惰性气体灭火剂而言，考虑的主要问题是防护区中氧气减少对人造成的影响。在进行细致的研究后，一些国家已批准在有人场所使用惰性气体灭火剂。为了降低氧含量下降给人体造成的影响，IG-541灭火剂中特意加入少量的二氧化碳气体，关于惰性气体灭火剂对人的呼吸和循环系统的损伤问题，通过医学研究和观察显示：在按规定的浓度范围使用时一般不会有危险。设计安装这类系统时必须注意，要使灭火剂和氧气的浓度保持在既能有效发挥灭火效能，同时又能保证人员安全的较窄的范围内。

思 考 题

1. 简述二氧化碳灭火剂的灭火原理。
2. 简述二氧化碳灭火剂适用于哪些火灾的扑救？不适宜哪些火灾的扑救？
3. 简述七氟丙烷灭火剂的特点。

第五节　其他灭火剂

● 学习目标

1. 了解7150灭火剂的使用。
2. 熟悉气溶胶灭火剂的分类。
3. 掌握气溶胶灭火剂的灭火机理。

除前面提到过的灭火剂外，还有SD系列强力灭火液、烟雾灭火剂、7150灭火剂以及砂子、灰铸铁末等。

一、7150灭火剂

7150灭火剂学名三甲氧基硼氧六环，分子式为（CH_3O）B_2O_3，是一种无色透明的液体。7150灭火剂对于扑灭镁、铝等金属火灾，具有较好的灭火效果。

（一）物理性能

7150灭火剂无毒，腐蚀性小，化学稳定性好，可长期贮存。
其主要物理性能见表3-5-1。

表3-5-1　7150灭火剂物理性能

项　目	指　标
外观	无色透明的液体
硼酐总含量/%	60
密度/（g/m^3）	1.2196
折射率	1.3987
运动黏度（25℃）/（m^2/s）	19.57

项　目		指　标
凝固点/℃		−31.5
闪点/℃		15.5
腐蚀率/(mm/a)	铝	0.0009
	紫铜	0.0002
	不锈钢	0.0005
	碳钢	0.0031

（二）灭火机理

轻金属火灾的特点是火焰温度高，可达2000℃左右，发出较强的白光。但火苗很低，约为100mm左右。

7150灭火剂热稳定性较差，同时本身又是可燃物，当它以雾状喷射到燃烧着的金属表面时，会发生两个化学反应：

1. 分解反应

$$(CH_3O)_3B_3O_3 \xrightarrow{60℃以上} (CH_3O)_3B + B_2O_3$$

2. 燃烧反应

$$2(CH_3O)_3B_3O_3 + 9O_2 \longrightarrow 3B_2O_3 + 9H_2O + 6CO_2$$

以上两个反应产生的硼酐在轻金属燃烧的高温下熔化为玻璃状液体，流散于金属表面及其缝隙中，在金属表面形成一层硼酐隔膜，使金属与空气隔绝，从而使燃烧窒息。同时，在7150发生燃烧反应时，还需消耗金属表面附近大量的氧，也就能够降低轻金属的燃烧强度。

（三）应用特性

7150灭火剂主要用于扑救镁、铝、镁铝合金以及海绵状钛等轻金属火灾。

石墨粉、干砂子等，也能扑救轻金属火灾，但7150灭火剂与它们相比，灭火速度快、用量少。

7150灭火剂主要充灌在贮压式灭火器中使用，所用的加压气体为干燥的空气或氮气。二氧化碳和1301（三氟一溴甲烷）不宜用作加压气体，因为它们在7150灭火剂中的溶解度较大（约为空气的100倍）。

7150灭火剂平时贮存于塑料桶或灭火器筒身内，应存放于阴凉干燥处。包装容器要严密，防止潮气侵入。7150灭火剂为易燃液体，其贮存和运输均应按易燃液体的规定进行。

二、气溶胶灭火剂

气溶胶是液体或固体微粒悬浮于气体介质中的一种稳定或准稳定物系。气溶胶灭火剂是通过燃烧或其他方式产生具有灭火效能气溶胶的灭火剂。其特点是：可以不受方向的限制绕过障碍物达到保护空间的任何角落，并能在着火空间内有较长的驻留时间，从而实现全淹没灭火；不需耐压容器；灭火效率较干粉灭火剂更高；用于封闭空间，也可用于开放的空间，对臭氧层的耗损指标为零。由于该灭火剂具有不易降落、可以绕过障碍物等气体的特性，故在工程上也当作气体灭火剂使用。

按形式方式的不同，气溶胶灭火剂可分为热气溶胶和冷气溶胶两类。

1. 热气溶胶灭火剂

热气溶胶灭火剂是将固体燃料混合剂（一般由氧化剂、还原剂、性能添加剂和黏合剂组成），通过自身燃烧反应产生足够浓度的悬浮固体惰性颗粒和惰性气体等具有灭火性质的气溶胶体，喷射并弥散于着火空间，抑制火焰燃烧并使火焰熄灭。热气溶胶中60%以上是由气体组成，含有的固体颗粒的平均粒径极小（小于$1\mu m$）。

（1）热气溶胶灭火剂的分类。热气溶胶灭火剂根据其主要成分的不同，分为S型、K型和其他几种类型。

① S型热气溶胶是指由含有硝酸锶和硝酸钾复合氧化剂的固体气溶胶发生剂经化学反应所产生的灭火气溶胶。其中复合氧化剂的组成（按质量分数），硝酸锶为35%～50%，硝酸钾为10%～20%。

② K型热气溶胶是指以硝酸钾为主氧化剂的固体气溶胶发生剂经化学反应所产生的灭火气溶胶。固体气溶胶发生剂中硝酸钾的含量（按质量分数）不小于30%。

③ 其他型热气溶胶是指非S型和K型热气溶胶。

（2）热气溶胶灭火剂的灭火机理

① 吸热分散的降温作用。K_2O在温度大于350℃时就会分解，K_2CO_3的熔点为891℃，超过这个温度就会分解，这都是强烈的吸热反应。

② 气相化学抑制作用。在热的作用下，气溶胶中的固体颗粒离解出的K可能以蒸汽或阳离子的形式存在，在瞬间它可能与燃烧中的活性集团H·和OH·发生多次链反应。这些链反应消耗和抑制活性集团H·和OH·之间的放热反应。从而对燃烧反应起到抑制作用。

③ 固相化学抑制作用（固体颗粒表面对链式反应的抑制作用）。气溶胶中的固体颗粒是极其微小的，具有很大的表面积和表面能，它在燃烧火焰中被加热和发生裂解需要一定时间，而且也不能完全被裂解或气化。这些固体颗粒相对于活性集团要大得多，但当它们进入火焰区域后，会受到可燃物裂解产物的冲击，从而促使它们与活性集团发生碰撞和吸附作用，并发生链终止的反应。

热气溶胶灭火技术具有灭火效率高、电绝缘性好、不破坏大气臭氧层等优点，也存在缺陷如：有"热连带反应"、不能进行局部保护应用、灭火速度慢等问题。

2. 冷气溶胶灭火剂

冷气溶胶灭火剂是针对热气溶胶灭火技术的一些不足而研发出来的一种新型高效超细分体灭火剂。它由现有的高效干粉灭火剂（磷酸铵盐、碳酸氢钠超细干粉）、添加助磨剂、分散剂、防潮剂、防静电剂和流动剂等，经过机械粉碎、气流粉碎或喷雾干燥等技术加工，形成粒径在0.001～$5\mu m$之间的超细粉体，再由压缩气体或炸药、发射药等含能材料作为驱动源，将这些粉体以喷射或抛射的方式带入火灾空间形成分散性气溶胶灭火系，可以以局部保护或以全淹没方式进行灭火。

（1）冷气溶胶灭火剂的分类。冷气溶胶按照分散相的不同，还可分为固基冷气溶胶和水基冷气溶胶两类。

① 固基冷气溶胶是指分散相为金属氧化物、碳酸氢钠、磷酸二氢铵等固态微粒的气溶胶。

② 水基冷气溶胶是指分散相为水汽，分散介质为二氧化碳、氮气等惰性气体的气溶胶。

（2）冷气溶胶灭火剂的灭火机理。冷气溶胶的灭火机理是在密闭空间内靠单位质量中

80%灭火组分微粒的化学抑制作用来实现灭火的。其中，较小的微粒保证了在空间的停留时间，能够有效地与火焰中活性物质反应而抑制燃烧；较大的微粒保证了灭火剂组分穿过火焰的动量和密度，快速灭火。所以其灭火效率，约高于普通干粉灭火剂的4~6倍。其灭火效能主要是多种灭火机理共同作用的结果：

① 化学抑制作用。燃料（烃类）燃烧时发生链式引发并产生活性游离基H·和OH·等。当气溶胶灭火剂喷向高温燃烧区时，灭火剂分解出活性游离M·，可大量掠夺燃烧反应所必需的H·和OH·等自由基，迫使燃烧反应减弱，直到火焰熄灭，这种中断燃烧链的作用是气溶胶灭火剂灭火的主要作用。

② 吸热降温作用。气溶胶灭火剂受热后易于分解和相变，从而产生反应吸热和相变吸热作用；此外，气溶胶灭火剂分解产物能与燃烧生成物碳粒在高温下反应，伴随强烈吸热作用，吸收燃烧热源的部分热量。这些作用都会使火焰温度降低，因而在一定程度上抑制了燃烧反应的进行。

③ 降低氧浓度作用。由于气溶胶灭火剂为超细微粒，灭火时能排挤火场周围的空气，从而降低了火场的氧浓度，使燃料反应减弱或停止。

（3）冷气溶胶灭火剂的特点。冷气溶胶灭火剂的主要优点：气溶胶的扩散没有方向性，无论喷射方向或喷口的位置如何，在很短的时间内能很快扩散到保护空间内，以全淹没方式灭火，并可以绕过障碍物在灭火空间有较长的驻留时间，灭火效率高；毒性和腐蚀性小，对臭氧层无耗损；克服了热气溶胶灭火剂释放时所产生的高温连带反应等缺点，且比它有更高的灭火效率。冷气溶胶灭火剂的灭火速度和灭火效率大大高于哈龙、二氧化碳、七氟丙烷（FM200）、混合惰性气体（烟烙尽、IG541）等气体灭火系统。

冷气溶胶灭火剂的主要缺点：气溶胶的固体颗粒对人的呼吸有刺激性；气溶胶释放后，火场中的能见度降低，影响人员在火场中的逃生（一般不允许在有人的场所使用，必须确保人员撤离保护区域后喷射）；由于颗粒小，表面电荷越多，其分子间的范德瓦耳斯力将大于其本身重力，故气溶胶粒子的超细化，会导致颗粒间的团聚、烧结等问题，所以还需对其严格进行表面包覆处理，且粒子的超细化包覆工艺复杂，制造上存在一定难度，造价高；不洁净，不能用于精密仪器等洁净场所。

三、F-500灭火剂

F-500是多用途的 A、B 类灭火剂，也是可燃液体泄漏控制药剂，是一种由两亲性非离子表面活性剂等成分组成的化学消油剂。

（一）概述

F-500的相对密度是0.99，比水轻，稳定性好，能与水互溶，而且对环境无害、无毒、无腐蚀，可完全生物降解，无需特种设备，具有灭火和消油等多重功效。

（二）灭火原理

（1）F-500降低表面张力的作用与润湿剂相似，它可将水的表面张力由72dyn/cm降低至少于33dyn/cm。与泡沫相似，F-500中的润湿剂成分具有载运微胞的作用。这是F-500的抑燃机理中与润湿剂或泡沫的唯一相同之处。F-500中的润湿剂成分具有若干项抑燃功能。在甲类燃烧中，它有助于实现更大的表面覆盖和加强对材料微孔的渗透。在乙类燃烧中，它帮助分散可形成微胞的 F-500 分子。正是这些作用，使得 F-500 具有热耗散快、灭火有效性高、防复燃能力强等优势。

（2）F-500 中断自由基的链式反应。自由基是不带电的高能量分子片段，它们会与燃料高速碰撞，从而释放热量和形成更多的自由基，因而可维持燃烧链式反应。F-500 因具有高分子量，可在碰撞过程中吸收自由基的能量，从而起到抑制该链式反应的作用。其通过消除高能量的自由基，可降低燃烧系统的能量，借此来扑灭火焰。

（3）F-500 微胞的形成和保持微胞的能力，使它能够包裹燃烧四面体的燃料要素（此包裹作用可在液体和气体中发生），这正是与润湿剂和泡沫的不同之处。

F-500 属于一种两亲性共表面活性剂分子，也就是说 F-500 分子具有一个极化端（亲水）和一个非极化端（疏水），并且在两端之间有足够长的距离，因而这两端可以相互独立的行动。该极化端可溶于水中；非极化端却排斥水分子，而寻求其他类型的分子。一群 F-500 分子可围绕一群烃类分子排列，构成一个带负电荷的微胞"化学茧"。这些微胞的外表面均带有负电荷，因而会相互排斥（如同电荷相互排斥一样），从而将烃类分子分散在水中，令其浓度过低以至无法燃烧。

（三）应用范围

1. AB 类火灾应用

A 类木材煤炭、纸张、椰子、棉花、玻璃纤维、干草、秸秆、粮食、橡胶轮胎等。
B 类非极性溶剂 （碳氢化合物）：汽油、煤油等；极性溶剂：异丙醇、甲醇等。

2. 灭火器

F-500 灭火剂可被用于加中压水的灭火器，能够方便、迅速地完成灭火、泄漏控制、蒸汽浓度降低等任务。

3. F-500 可以和比例混合器连用

具体方法是接在两节消防水带之间，将比例混合器抽吸管直接插入 F-500 包装桶内，比例根据需要定在 1% ~ 6% 之间，将 F-500 吸入水带内混合。

（四）毒性和危害性

1. 无腐蚀性

在使用 F-500 时，无论是固定系统还是手持系统，均不需配备特别装备。F-500 不会腐蚀金属或橡胶产品，因而对最终使用者来说大有益处。测试结果表明：F-500 对设备的腐蚀性与普通水相当，只有 AFFF 腐蚀性的三十分之一，F-500 实际上具有设备润滑剂和清洗剂的作用，与其他同等功效的产品相比，F-500 腐蚀周围基础设施的程度较小。

2. 无毒

当 F-500 被用于轮胎灭火时，由于与自由基的反应防止了结合作用的发生，从而杜绝了烟灰的形成，黑色浓烟变成白色水蒸气。此效果提高了消防人员的能见度和安全性，同时降低了烟灰和燃烧副产物的毒性。

3. 可完全生物降解

F-500 是一种可完全生物降解的产品。应小心避免让 F-500 流入地下水、地表水或下水道，可由当地的生物废水处理厂加以处理。

F-500 具有很低的 BOD/COD（生物耗氧量/化学耗氧量）要求。生物耗氧量和化学耗氧量越低，对氧气的需求就越小，对水生生态系统就越有利。与AR-AFFF环保配方相比，F-500的生物需氧量少87%，化学需氧量少80%。

思 考 题

1. 简述7150灭火剂的灭火机理。
2. 气溶胶灭火剂有哪些类型？
3. 综述气溶胶灭火剂的灭火机理。

第四章

抢险救援器材

抢险救援器材是各类灾害事故救援所用器材的总称。随着科学技术的发展和消防救援队伍职能的拓展，抢险救援器材的种类和数量也在不断增加，目前消防救援队伍配备的抢险救援器材主要有侦检、警戒、救生、破拆、堵漏、输转、洗消、照明、排烟等九大类。

第一节　侦检器材

● 学习目标

1. 能掌握常用气体侦检、生命探测、红外热像仪、测温仪等器材的用途、基本结构、工作原理、使用方法及注意事项。

2. 能用所学知识对现场检测数据进行正确解读，综合判定现场的危险性。

3. 了解水质分析仪、气象仪、酸碱测试仪等器材的用途、基本结构、工作原理、使用方法及注意事项。

侦检器材主要是指对火灾和抢险救援现场所有数据和情况，如气体成分和浓度、火场温度、放射性射线强度等进行测定的仪器和工具。常用的侦检器材主要包括：可燃气体探测仪、有毒气体探测仪、军事毒剂侦检仪、水质分析仪、电子气象仪、无线复合气体探测仪、生命探测仪、消防用红外热像仪、漏电探测仪、核放射探测仪、个人辐射剂量仪、电子酸碱测试仪、测温仪、移动式生物快速侦检仪、激光测距仪等。

一、可燃气体探测仪

可燃气体探测仪是一种可对单一或多种可燃气体浓度进行检测的便携式检测仪器。当环境中可燃气体浓度达到或超过设定的阈值时，检测仪器会发出声、光、振动等报警信号，提醒有关人员及时采取有效预防措施。

（一）分类

按传感器工作原理的不同，可燃气体探测仪可分为催化燃烧式、电化学式、光学式和半导体式四种。目前消防队伍常用的可燃气体探测仪采用的主要是催化燃烧式传感器。

（二）工作原理

催化燃烧式传感器是用直径50~60μm的高纯度铂丝（99.99%）绕制成直径为0.5mm的

线圈，在线圈外面含有氧化铝和氧化硅组成的膏状涂覆层载体，载体上有铂、钯等金属，形成了检测元件，如图4-1-1（a）所示。催化燃烧式可燃气体检测仪的电路是由两只固定电阻（R_1和R_2）以及检测元件F_1和参照元件F_2构成的惠斯通检测桥路，如图4-1-1（b）所示。当可燃气体扩散到检测元件F_1上时，检测元件表面受到催化剂的作用被氧化而产生反应热（无焰接触燃烧热），使铂丝线圈温度上升，电阻值增大，电桥A、B之间输出一个变化的电压信号，电压信号的大小与可燃气体浓度成正比，通过测定检测电路中电桥的电压可测定出可燃气体的浓度。

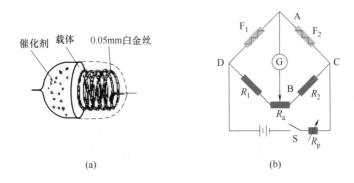

图4-1-1　催化燃烧式传感器结构原理图

（三）操作使用

携检测仪和警戒器材进入可燃气体泄漏区域内，手持检测仪，将探头朝外，从气体泄漏的下风向开始向中心泄漏点检测。当检测仪报警时，做好记录并设定标记，逐点检测，确定危险区域的边界。

（四）注意事项

（1）进入现场前要严格做好个人安全防护。

（2）使用过程应轻拿轻放，避免剧烈震动，以免损坏仪器元件。

（3）每天应清洁仪器表面。传感器窗口应保持畅通，严防堵塞。若堵塞传感器窗口，会造成检测结果漂移。

（4）必须保证仪器在电量充足的条件下使用。为保证电池寿命，在不用时应关闭检测器，取出电池，因为若电池长期不取，会造成电液溢出腐蚀主板或触点。

（5）当仪器本身出现故障不能正常使用时，严禁私自拆卸修理，必须由专业人员进行检修。

（6）不可将仪器长期置于无机溶剂或有机溶剂气味较浓的环境中（例如，有油漆气味的环境）。

（7）不可把气体探测仪浸泡在液体中。原因：机壳密封不严，会造成主板腐蚀。

（8）所测气体浓度应与仪器的量程相符合，不可超量程使用。

（9）对于接触燃烧式可燃气体探测仪，要特别注意以下几点：

① 接触燃烧式可燃气体检测是一种非选择性检测。所有可燃气体均可在催化燃烧式传感器上反应使电桥失去平衡，因而不能测定其中某一成分的含量。

② 催化组件可使可燃气体在爆炸下限浓度（LEL）以下燃烧，从而测定其含量，但必须要有适量氧气存在才能获得正确的结果。理论上催化燃烧式传感器至少需要10%（体积浓度）以上的氧气才能准确测量，但如果氧气浓度过高，测量结果也会完全错误。

③ 注意检测仪器的浓度测量范围，严禁使用丁烷打火机测试传感器，以免造成检测探头的人为损坏。在可燃气体浓度很高的情况下，高浓度的可燃气体会使检测元件表面产生大量热量，可能会加速传感器的蒸发，使传感器的灵敏度部分或全部降低，过热甚至会彻底烧毁传感器。

④ 避免接触使催化剂中毒的物质，如硅烷、含铅化合物、含磷化合物和含硫化合物等。

⑤ 随时对传感器进行检测，一旦失效，应及时更换。便携式气体检测仪每半年应校准一次，在超过满量程浓度的环境使用后应重新校验。

二、有毒气体检测仪

有毒气体检测仪主要用于探测事故现场有毒气体的浓度。目前，我国消防队伍配备的有毒气体探测仪大多为复合气体检测仪，安装有毒气体、可燃气体、氧气和有机挥发性气体等多种检测传感器。以MX21有毒气体探测仪为例，该仪器通过四种不同传感器可同时检测四类气体，分别是可燃气体（甲烷、煤气、丙烷、丁烷等），有毒气体（一氧化碳、硫化氢、氯化氢等），氧气和有机挥发性气体，并在液晶屏上同时显示探测到的各类气体浓度。

（一）分类

有毒气体检测仪的关键部件是气体传感器，根据传感器的工作原理，可将有毒气体检测仪分为电化学式、半导体式、固体热导式、红外吸收式等，其中电化学式有毒气体检测仪在消防队伍应用较为广泛。

（二）工作原理

有毒气体检测仪由一个带气体传感器的变送器构成，气体检测器对传感器上的电信号进行采样，经内部数据处理后，输出与环境气体浓度相对应的电流信号或总线信号，进而得到相应气体浓度。

（三）操作使用

携检测仪和警戒器材进入泄漏区，手持检测仪，由上风方向，向下风方向对指定区域进行连续测试（以便确定危险区的边界），当发生报警时，做好记录，以确定危险区域边界和警戒区域边界。

（四）注意事项

（1）校验包括校零和校准。使用前、使用后、长时间不用维护保养时都需要对仪器进行校零。校准包括对工作电流的校对，对标准零位进行校对（通入新鲜空气），对满量程刻度进行校对（通入标准校对气体），对报警点进行校对等。

经常性对仪器进行校准都是保证仪器测量准确的必不可少的工作。

对于有毒气体探测仪，一般每隔2~3个月，最多6个月要进行一次标定。当传感器的输出信号低到标准值的一半时，应当更换传感器。

（2）对于催化燃烧式传感器，应避免接触催化剂毒物。

（3）对于电化学式传感器，不可接触那些与电解液反应使之变质的浓度特别高的气体。其他参见上页可燃气体检测仪注意事项（1）~（8）。

（五）常用的几种有毒气体探测仪

1. MX21有毒气体检测仪

如图4-1-2（a）所示，MX21有毒气体探测仪可检测四种不同类型的气体（可燃气体、有毒气体、氧气、有机挥发性气体），通过不同的探头和传感器可同时检测并显示对应读数，其中可燃气有31种可选的参考气体（一般可燃气体探测器出厂时以甲烷为标准气体进行标定）。

开机同时按下ON/OFF键、LED键，当显示"选择参考气体"时，每次按下菜单选择键就显示一种气体，选择相应的参考气体进行测量。当环境气体浓度达到危险值时，机器会自动报警。如果不知道可燃气的名称，MX21按照内置的最低危险值报警。

测量可燃气体时，可燃气体测量范围为"0 ~ 100%LEL"（爆炸下限），当可燃气体浓度达到100%LEL后可实现自动转换为"0 ~ 100%VOL"（体积分数浓度）的量程。该仪器具有良好的报警功能，可燃气和毒气各有一个即时报警点；氧气有两个报警点，即氧含量低于17%和高于23.5%；开机检测后，仪器自动计算毒气的含量及其变化，根据不同的毒气和人体在短时间内和长时间内所能承受的积累量及时报警，"STEL"表示最近15min检测气体浓度的平均值，"TWA"表示开机8h以后检测气体浓度的累计平均值。

2. ALTAIR 4X多种气体检测仪

如图4-1-2（b）所示，ALTAIR 4X多种气体检测仪是一种四合一气体检测仪，可同时检测显示O_2、H_2S、CO 和可燃气四种气体，除具有正常的检测报警外，还有跌倒报警和立即报警功能。检测可燃气体量程0 ~ 100%LEL或0 ~ 5%CH_4；O_2量程0 ~ 25%（体积分数）；CO量程0 ~ 1250mg/m³；H_2S 量程0 ~ 280mg/m³。

3. GasAlertMicroClip XT型气体检测仪

GasAlertMicroClip XT型气体检测仪是一种四合一气体检测仪，见图4-1-2（c），可同时检测显示O_2、H_2S、CO和可燃气四种气体，其中H_2S检测范围为0 ~ 140mg/m³，分辨率为1.4mg/m³；CO检测范围为0 ~ 625mg/m³，分辨率为1.25mg/m³；O_2检测范围为0 ~ 30.0%，分辨率为0.1%；可燃气体检测范围为0 ~ 100% LEL或0 ~ 5.0%（体积分数），分辨率为1%或0.1%。该仪器启动时会进行传感器、电池状态、电路完好性和声音/视觉警报的全功能自检，自检通过才能进行正常工作。具有内置式防震外罩，可同时发出视觉、振动和声音报警，具有低限报警、高限报警、STEL报警、TWA报警、超限报警、多种气体报警、电量不足报警等多种报警状态，其中STEL报警、TWA报警只适用于CO和H_2S。

4. AreaRAE复合式气体检测仪

AreaRAE复合式气体检测仪是一个便携式的检测器，见图4-1-2（d），可在事故现场有选择性地对多种气体进行检测。该仪器最多可容纳5个传感器，其中3个为固定式探头，分别检测氧气、可燃气体和有机挥发性混合气体；另外附2个选择性探头，可对氯气、氨气、硫化氢等有毒气体及γ射线进行检测。通过无线接收装置，仪器检测到的数据可传输到控制计算机上，一台计算机可同时对64台检测仪进行双向数据采集和控制，可以进行计算机实时检测，采集数据，当气体浓度超限时，可启动警报信号。

5. CMS芯片式有毒气体检测仪

CMS芯片式有毒气体检测仪用于快速测量空气中的各种有毒有害气体及蒸汽浓度，见图4-1-2（e）。检测时，可根据需要更换相应的芯片。芯片存储在原始包装中，不能暴露在阳光直射的地方，取出芯片时，只能接触芯片的边缘位置。该类仪器的芯片种类有氯气、氨气、氯化氢气体、一氧化碳气体、二氧化碳气体、氮的各类氧化物气体、硫化氢气体、酒精蒸汽、二氧化硫等。

6. X-am5600多种气体检测仪

X-am5600多种气体检测仪采用红外传感器，最多可同时检测6种气体，可检测可燃气体和蒸气、氧气以及有毒有害气体（包括SO_2、H_2S、CO_2、CO），见图4-1-2（f）。由于红外传感器具有高稳定性和抗中毒性，传感器每12个月需校准一次，因此该仪器使用寿命较长。除碳氢化合物之外，氢气也是易燃易爆气体，该款仪器结合两种传感器信号（红外Ex和电化学H_2），可用于检测氢气浓度。

(a) MX21有毒气体检测仪

(b) ALTAIR 4X 多种气体检测仪

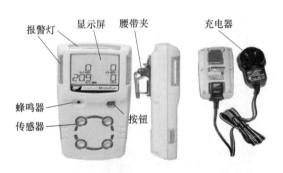

报警灯　显示屏　腰带夹　　充电器

蜂鸣器　　　　　按钮

传感器

(c) GasAlertMicroClip XT型气体检测仪

(d) AreaRAE复合式气体探测仪

(e) CMS芯片式有毒气体检测仪

(f) X-am5600多种气体检测仪

图4-1-2　几种常见的气体检测仪

三、生命探测仪

生命探测仪用于搜索和定位地震和建筑倒塌等现场的被困人员。

（一）分类

根据工作原理分类，目前消防救援队伍配备的生命探测仪主要有音频生命探测仪、视频生命探测仪和雷达生命探测仪。

（二）雷达生命探测仪

雷达生命探测仪主要由雷达主机和显示控制终端组成，采用生物雷达技术，利用躯干肢体运动或心肺活动引起雷达回波的相位变化提取生命特征信号，进而分析判断在倒塌建筑废墟等障碍物内部是否具有生命体。

1. 工作原理

如图4-1-3所示，雷达生命探测仪是一种主动式的生命探测仪，通过雷达主机向外发射一定频率的连续电磁波信号，对一定空间进行连续扫描。当连续电磁波碰到障碍物时，一部分被反射回来，另外一部分则穿过障碍物继续向前传播。如果碰到的障碍物绝对静止，返回的电磁波信号不会发生变化，而一旦遇到处于运动状态的目标，如人体生命活动所引起的各种微动，如呼吸、心跳等，反射回的电磁波信号会根据运动的速度产生一定的频移，通过对有频移的信号进行过滤和检测，判断有无生命体的存在。

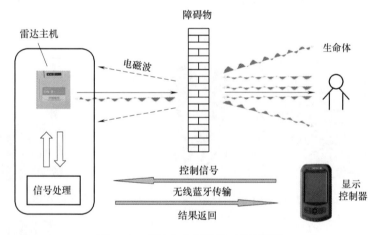

图4-1-3 雷达生命探测仪工作原理图

2. 主要技术性能

以某DN-Ⅱ+型雷达生命探测仪为例，其主要技术参数如下。

（1）雷达发射类型：超宽带脉冲雷达。

（2）天线：400m增强型介质耦合超宽带天线。

（3）穿透距离：可穿透障碍物距离最深达30m。

（4）探测区域：张角为120°的圆锥体区域。

（5）遥控距离：最远可达100m遥控操作。

（6）定位精度：±10cm。

（7）操作系统：全中文 Android4.0.2。

（8）探测软件：雷达生命探测仪目标识别系统软件。

（9）工作时间：系统可连续工作大于10h。

（10）工作温度：−20～+60℃。

（11）三防设计：防水、防振、防尘。

3. 操作使用

（1）开箱操作：打开主机电池盖，将电池放入主机，盖好电池盖，打开主机电源。

（2）仪器摆放：选择合适位置放置生命探测仪，将探测面（探测仪底部）正对需要探测的区域。

（3）打开PAD，与主机连接，消防员手持显示控制器，距离雷达主机至少10m以外，且区域范围内不能有其他人员干扰。

（4）点开PAD上的雷达终端，进入系统，设定探测参数，开始检测。

4. 注意事项

（1）高压线、日光灯、水、大面积金属物体会对探测产生干扰。

（2）探测区域类除了目标，其他游离生命体和运动物体会影响探测精度。

（3）根据具体环境选择相对应的探测模式，正确摆放雷达，可以提高雷达的整体性能。

（4）操作者距离雷达主机应尽量大于雷达探测的门限距离。

（5）判断目标的大概位置，控制雷达"终止距离"，可提高雷达的灵敏度。

（6）先正常退出雷达探测软件，再关闭雷达探测器电源。

（7）每次设备使用完毕，及时给雷达主机电池和PAD充电。

（8）雷达主机长时间不使用时，应将电池取出。

（9）雷达的存放，应保持雷达主机外观整洁干净，并置于专用设备箱中，放在通风、干燥的环境中。

（三）音频生命探测仪

音频探测仪主要用于对被困在土壤、岩石结构或混凝土建筑物中被困者的探测和搜寻。

1. 结构组成

ALR-Ⅱ型音频生命探测仪为例，该款生命探测仪主要由2～6个传感器，每个传感器配有8m长的电缆；2～4个磁性金属片，用于在金属碎片上固定传感器；2～4个金属探针，用于在松散的地面固定传感器；1个防水语音通话探头，配有8m长的电缆；1个轻量紧凑的手持控制器，装有手带；1个带有麦克风的抗噪立体声耳机；1个锂电池盒；1个主电源适配器；1个包装箱。

2. 工作原理

音频生命探测仪是利用声波及振动波的原理，采用先进的微电子处理器和声音/振动传感器，进行全方位的振动信息搜集，可探测以空气为载体的各种声波和以其他媒体为载体的振动（如被困者呻吟、呼喊、爬动、敲打等），并将非目标的噪声波和其他背景干扰波进行过滤。从而发现幸存者被困方位，便于救援人员及时准确地开展救援工作，用于寻找矿井塌方、地震、楼房倒塌和其他意外事故中被埋压的幸存者。

3. 操作使用

音频生命探测仪使用方法（图4-1-4）如下。

（1）将6个探头分别按照1#、3#、5#串联成一串，2#、4#、6#串联成一串，然后将这两条线路分别接在手持控制器上。将6个探头尽可能地分散放置在搜救区域，不能悬空摆放。

（2）观察手持控制器屏幕显示的跳动信号的强弱程度，调整左右耳监听通道设置，通过耳机，监听搜救区域音频信号。初步判断是否存在被困人员于所监听的搜救区域。

（3）初步判断搜救区域内某一探头附近可能存在被困人员之后，移动相邻探头到该位置附近，通过观察手持终端屏幕显示，调整左右耳监听通道设置，通过耳机监听，进一步确定被困人员的准确位置。

（4）连接语音通话探头至手持终端，通过覆盖物缝隙将探头送至被困人员的空间。搜救人员与被困人员取得语音通话联系。等待进一步的救援工作。

(a) 按顺序连线，放置探头

(b) 初步判断区域是否存在受困人员

(c) 进一步确定被困人员的位置

(d) 与被困人员通话，进一步救援

图4-1-4　音频生命探测仪使用方法示意图

4. 注意事项

（1）音频传感器要按序号排列。

（2）不要将音频传感器放得太近，音频探头应保持1m以上距离。

（3）救援现场应尽量保持安静。

（四）视频生命探测仪

视频生命探测仪主要由显示屏、探测摄像头、电缆线、耳机、话筒、照明灯和电源等组成。适用于在能见度不良、具有一定间隙的条件下对被困者的搜寻，也是唯一可以发现无生命体征遇难者的探测仪。

1. 工作原理

视频生命探测仪是把物体发射或反射的光辐射转换成电信号，经信号处理再现物体的图像，达到搜救的目的。探测仪前方有一根软管或硬管，末端则是光纤探测摄像头和照明灯。

将探测摄像头伸入灾害现场细小缝隙，可以直观发现被困者，并能把记录下来的影像显示在探测仪的显示屏上。

2. 操作使用

以XF902视频生命探测仪为例，其操作使用方法为：将电池装入电源卡槽内，将摄像头安装在操作手柄顶端。按下电源开关，清除障碍，将探测摄像头深入到倒塌建筑内部搜寻被困者，操作者可以通过显示器观察内部情况，并与被困者进行通话。

3. 注意事项

（1）使用中要轻拿轻放，严防摔坏、挤压，注意防水、防腐蚀、防高温。

（2）探测时应打开探测摄像头照明灯。

（3）探测过程中要注意保护探测摄像头的透镜，以免划伤。

（4）使用柔软的湿布擦拭仪器外壳，禁止使用溶剂、肥皂或抛光剂等。

（5）电池长期不用一定要定期放电充电。

四、红外热像仪

红外热像仪是指通过红外光学系统、红外探测器及电子处理系统，将物体表面红外辐射转换成可分辨的图像信号的设备。其相关要求见标准XF/T 635—2006。

（一）分类

红外热像仪可分为致冷型和非致冷型两大类，消防用红外热像仪为非致冷型；按其应用方式分为救助型热像仪和检测型热像仪；按结构不同分为手持型和头盔型。

（二）适用范围

救助型热像仪主要用于消防救援中的火情侦察、人员搜救、辅助灭火和火场清理等，特别适用于协助消防员在浓烟、黑暗、高温等环境条件下进行灭火和救援作业。检测型热像仪一般运用于电气设备、石化设备、工业生产安全和森林防火的检查，具有图像冻结、图像存储、热像还原、操作提示和性能修正功能。检测型热像仪比救助型热像仪具有更高的测量精度。

（三）结构

红外热像仪由镜头组件、机芯组件、显示设备和电源等组成。

（四）工作原理

所有温度超过绝对零度的物体都会辐射红外能。当红外热像仪对准一个目标时，仪器的光学镜头会把能量积聚在红外探测器上，探测器产生一个相应的电压信号，这个信号与接收的能量成正比，也与目标温度成正比。通过对电压信号进行放大、转换等处理，在监视器上可以看到与周围环境存在温度梯度且温度较高物体的轮廓。这种热红外线形成的图像称为热图像，它是目标表面温度分布图。也就是说，红外热像仪将人眼不能直接看到目标的表面温度分布，变成人眼可以看到的代表目标表面温度分布的热图像。

（五）主要技术性能

以某红外热像仪为例，其主要技术性能见表4-1-1。

表 4-1-1　红外热像仪性能参数

型　号	STA-HY6000	STA-HY6000A
像素数	320×240	320×240
工作波段/μm	8～14	8～14
温度分辨率/℃	0.08(在30℃时)	0.08(在30℃时)
测量温度范围/℃	−10～1000(标准) −40～2000(扩展)	−10～1000(标准) −40～2000(扩展)
测量精度	±2℃或±2%(全量程)	±2℃或±2%(全量程)
帧频/(帧/s)	50	50
允许工作环境温度/℃	−15～50	−15～50
允许工作环境湿度	≤95%	≤95%
贮存环境温度/℃	−40～70	−40～70
重量(包括电池)/kg	2.5	2.5
数字分辨率/bit	14	14
视频输出方式	PAL标准复合视频信号	PAL标准复合视频信号
测温方式	全屏直接测量并显示	全屏直接测量并显示
操作方式	中文菜单,按键控制	全新Windows中文菜单,按键控制
具有的调节功能	自动调整图像,手动调焦,手动/自动电平 自动灵敏度,自动/手动调色	自动调整图像增益及亮度/对比度 手动调焦,自动/手动调色
温度报警功能	可任意设定报警温度,高温自动报警	可任意设定上限或下限报警温度值
存储功能	可在冻结/激活状态下存储图像	可在冻结/激活状态下存储图像
图像存储	32MBPc卡可以存储100幅热图像	128MBPc卡可以存储500幅热图像
等温分析功能	可将屏幕上任意温度区域以醒目颜色显示	任意温度区域以醒目颜色显示

（六）使用方法

安装电池,打开电源开关,待自检完毕后方可进行使用。

（七）注意事项

（1）操作中严禁将热像仪与其他东西碰撞。

（2）仪器较长时间停止使用时,应将电池从仪器中取出,以免电池泄漏。

（3）尽量避免长时间直接观测燃烧或熔化的金属、熔化的玻璃、高压电弧和太阳等目标。

（4）禁止使用易磨损的布料或任何有机溶剂对设备进行清洗。

（5）禁止使用高压水蒸气对仪器进行清洗,电池外壳或电池接触面上的任何受侵蚀或难以清除的污渍可以使用橡皮擦进行擦除。

五、电子气象仪

电子气象仪主要用于野外现场、突发事件和实验室对风速、温度、风冷、湿度、热度、凝露、潮气、气压、海拔、密度等气象指标进行常规的监测测量。

（一）主要特点

（1）大屏幕背景灯显示,测量流程图文显示,操作简单。

（2）可常规或快速测量风速、温度、风的寒度、相对湿度、热量指数、露点温度、湿球温度、大气压力、海拔高度、密度海拔高度等多个气象综合指标。

（3）通过简单操作，可自动存储测量数据、曲线图和指标趋势，并自动存储测量结果、时间和日期可达250个测量图表，并可将数据下载到计算机以进行进一步的分析处理。

（4）常规电源配置，低电量提示，可依据需求设置45min自动关机。

（二）结构

主要由叶轮（直径25mm）、温度传感器（密封的精确电热调节器）、湿度传感器（电容传感器）、压力传感器（单片电路硅压电电阻率传感器）、电池（2节AAA碱性电池）等部件组成。

（三）主要技术性能

主要技术性能见表4-1-2。

表4-1-2 电子气象仪主要技术性能

风速/(m/s)	测量范围	测量精度
	0.3～40	±3%
温度/℃	测量范围	测量精度
	−29～+70	±1%
湿度/%	测量范围	测量精度
	5～95	±3
海拔/m	测量范围	测量精度
	−500～+9000	±30
气压/100Pa	测量范围	测量精度
	870～1080	±3
储存温度/℃	−30～+60	
尺寸/mm	120×41×16	
重量/g	64(主机)	36(外壳)

（四）使用方法

（1）将2个AAA电池按盒盖上的正负极指示装好。

（2）按红色按钮开机，屏幕会显示时间和日期的设定。用▲和▼键翻动设定内容，用▶和◀键改变需设定的值。设定完成后，按红色键退出，再按一次红色键，即可显示当前时间和日期。

（3）按▼键翻动，依次显示当前的风速、温度、风冷、湿度、热度、凝露、潮气、气压、海拔、密度以及三个用户设定界面。

（4）在显示当前气候（如温度）界面时，可翻动▶键查看近期的最大、最小、平均值及曲线图；并用■键查看曲线图中的详细数据。

（5）按右上方键添加背景灯，时间可持续1min。

（6）按左上方键手动储存数据。

（7）按红色钮进入主菜单，调整各项设置。

（8）海拔数值的调整：首先从当地气象台获得大气压值作为此气象仪的参考气压值。进入海拔的显示界面，按■键进入调整模式，再按▶或◀键调整参考值。调整结束，按■键退出调整模式。

（9）主菜单运用（按红色钮进入主菜单）。

六、漏电探测仪

漏电探测仪主要用于确定灾害事故现场泄漏电源的具体位置。

（一）结构

漏电探测仪主要由放大器、传感器、蜂鸣器、指示灯、开关（高感、低感及目标前置三种形式）、手柄等元件组成。

（二）工作原理

漏电探测仪内含一个高灵敏度的交流放大器，频率20～100Hz，可将接收到的信号转换成声光报警信号。当测试到有漏电时，前端会有灯光闪烁，并伴随着警报声，越靠近漏电源头，灯光闪烁越快，且警报声越响。该探测仪具有高感和低感两种测试方式选择。高感设定用于远距离测量，低感用于近距离测量，可以在4.5m内测量到任何方向的漏电源头。高压线场合应选用低灵敏度或目标前置式。选用高或低灵敏度时，探测器会对各个方位的信号都有反应，若选用目标前置式，探测器只接收前方的信号。探测时无须接触电源，并随着与漏电电源距离的接近，报警频率增加。此探测仪对任何直流电不起作用。

（三）主要技术性能

主要技术性能见表4-1-3。

表4-1-3　漏电探测仪主要技术性能

工作温度/℃	储存温度/℃	尺寸/mm	电源	探测电压
−30～+50	−40～+70	$\phi45\times520$	4节5号碱电池	120V/60Hz或220V/50Hz 7.2kV/50Hz或15kV/50Hz

（四）使用方法

先打开高灵敏度挡进行测量，在确认电源的方位后，并听到报警的频率过高时，应把高灵敏挡切换到低灵敏挡，确认电源的具体位置。

（五）注意事项

（1）该仪器不能接触电源或导电液体。

（2）因导电体的导电率不同，高度及外形不同，探测距离也不同。

（3）当电源或导电体被屏蔽时，该仪器无法探测到。

（4）在接近电源时，应格外小心，并穿必备的绝缘服装。

（5）当电池电压低于4.8V时，仪器会长时间发出稳定的声音，提醒更换电池（严禁用充电电池）。

七、军事毒剂侦检仪

军事毒剂侦检仪可作为污染区域的监测探头或固定式探测器，以GT-AP2C型军事毒剂侦检仪为例，主要用于侦检存在于空气、地面、装备上的气态及液态的GB（沙林）、HD（芥子气）、VX毒剂等化学战剂，广泛运用于鉴别装备是否遭受污染，进出避难所、警戒区、洗消作业区是否安全。

（一）结构及原理

主要由侦检器、氢气罐、电池、报警器及取样器等组件构成。采用焰色反应原理，受测空气混合氢气在燃烧室燃烧，由光学滤镜系统分析光源。

（二）主要技术性能

（1）质量：2kg（含电池及氢气储存罐）。
（2）存储温度：$-42 \sim +75℃$。
（3）操作温度：$-32 \sim +50℃$。
（4）外接电源：$18 \sim 32V$直流电。
（5）蒸汽形态毒剂灵敏度如GA、GB、GD、VX等神经性战剂为$10\mu g/m^3$，HD糜烂性毒剂灵敏度为$420\mu g/m^3$，液体形态毒剂如对VX神经性战剂取样浓度而言，最初侦检浓度可达到$20mg/m^3$。
（6）对GA、GB、GD、VX、HD战剂而言，浓度$10\mu g/m^3$的感应时间仅需1s。
（7）侦检值及灵敏度不被大气环境变化所干扰。

（三）使用方法

先将电池装入电池盒内并插入仪器尾部，然后将氢气罐插入主机内，顺时针旋转至ON处开机，WAIT指示灯亮表示自检，待READY指示灯亮后表示进入检测状态，若现场含有军事毒剂，则相应类型的报警灯会闪烁并伴有急促的音频报警；根据取样形态（液态或气态）的不同采用不同的探头，气体样本通过管状探头直接吸入主机进行检测，固体和液体样本须用刮片刮取后经加热器加热产生蒸汽，通过烟斗式探头吸入主机进行检测。

（四）注意事项

（1）在探测气体时，仪器要左右摆动。
（2）当探测有污染物存在时，要保持距离，避免造成仪器的饱和。
（3）检测液体或固体时，加热取样器从烟斗式探头中取出刮片后才可松下加热按钮，取样刮片严禁手或手套触摸。
（4）仪器严禁使用充电电源。
（5）该仪器只能定性，不能定量，所以操作过程中切勿盲目对污染物下含量的结论。

八、电子酸碱测试仪

酸碱测试仪可以测量受污染区域内液体的酸碱值、电压值。

（一）结构及性能

主要由主机、缓冲液、探测电极等组成，可以较准确地测量液体的pH值。可以手动输入温度；可以储存200多个数据，并可记录日期、时间、pH值或电压值、温度、标号等数据；同时根据具体情况，校准主机；它主要是利用主机配备的缓冲液与被测液体进行对比而得出结果。

（二）使用方法

将探测电极与酸碱测试仪的主机连接，按"ON/OFF"键，打开酸碱测试仪，直到显示"自测完成"后；利用装备从受污染的区域内采集一定量的液体，将适量液体倒入取样杯中，把电极插入取样杯中进行pH值测量，按"RUN/ENTER"键，开始测量，此时屏幕出现数值并闪烁，待数值固定后才可读取。

（三）注意事项

（1）检测后，清洗pH电极时要注意缓冲溶液的温度。
（2）要定期对仪器进行标定。

九、核放射探测仪

核放射探测工具主要用于探测灾害事故现场核放射强度，寻找并确定放射污染源的位置，检测人体体表的残余放射性物质等。

X5C核放射探测仪主要运用于核电站、消防救援、核事故应急、无损检测、确定污染区域边界、核子实验室以及核医学等领域，根据测量人员所处位置和长竿探测仪所在位置的放射剂量率和累积剂量，判断该位置的辐射安全性。

（一）主要技术性能

该探测仪使用光子等量剂量测定技术，光能额定使用范围45keV～2MeV；检测射线种类为β和γ射线，最大测量误差≤±30%；内置探头直径ϕ5mm，有效长度17mm，探头位于机壳内前端位置；仪器防尘、防水，工作湿度范围0～95%，工作压力范围0.1～1.3kPa，工作温度−30～+60℃，储存温度−40～+70℃。电源9V，使用电压5.4～11V。其各级报警值设定见表4-1-4。

表4-1-4　各级报警设定值

剂量强度报警(DLW)/(μSv/h)		剂量报警(DW)/μSv	
级别	报警值	级别	报警值
DLW1	7.5	DW1	200
DLW2	25	DW2	500
DLW3	40	DW3	1000
DLW4	300	DW4	2000

注：μSv/h（微希沃特/小时）为剂量率单位，表示每小时受到的辐射量；μSv（微希沃特）为剂量单位，表示累计受到的辐射量。

（二）使用方法

检测人员应按照防核要求做好个人防护。操作仪器时，把主机连接到探测杆上，按"开／关"键启动仪器，自检时间3s并伴有短暂的报警声，随之自动切换到测试状态。

进入现场后，可以采取迂回式或者渗透式行进路线，根据仪器检测读数及其变化速率确定核放射污染的边界，然后层层深入探寻放射源的中心位置。如果检测读数达到二级以上报警，人员须撤离，此时可在相关专业部门的指导下加强防护等级后做进一步处置。

（三）注意事项

（1）每半年标定一次，并做好记录。

（2）每人每年只能累计接受20mSv的辐射剂量。

思 考 题

1. 简述可燃气体探测仪的工作原理。

2. 简述红外热像仪的使用注意事项。

3. 简述音频生命探测仪的操作方法。

第二节 警 戒 器 材

● 学习目标

1.掌握警戒器材的用途、分类和特点。

2.能运用所学知识有效组织现场警戒。

警戒器材是用于灾害事故现场管理、划定警戒区、疏散人员的警示性器材。常用的警戒器材包括：警戒标志杆、锥型事故标志柱、隔离警示带、出入口标志牌、危险警示牌、闪光警示灯、手持扩音器、警示指挥用具等。

一、警戒标志杆

警戒标志杆主要用于灾害事故现场警戒，应有发光或反光功能，包括标志杆体和标志杆底座。使用时将标志杆体插入警戒标志杆底座，标志杆底座为红色塑料板，尺寸40cm×40cm，中心有一插孔，孔径ϕ4cm。

二、锥型事故标志柱

锥型事故标志柱用于事故现场的道路警戒、阻挡或分隔车流和引导交通。锥型事故标志柱分为A、B两类，A类为有反光部分，B类为无反光部分。锥型事故标志柱一般由塑料或橡胶制作而成，使用时依据灾害事故现场需要放在合适位置，也可与警戒灯配合使用。

三、隔离警示带

警示带用于划定事故现场的警示区。使用时可固定在警示标志杆或其他固定物上。警示带分为一次性和重复使用两种，分别有涂反光材料和不涂反光材料两种。

四、出入口标志牌

出入口标志牌主要用于灾害事故现场出入口的标识，标志牌上应有图案、文字，边框应为反光材料，与标志杆配套使用。

五、危险警示牌

危险警示牌是设在火灾等灾害事故现场警戒区内的用于警示作用的告示牌。分为有毒、易燃、泄漏、爆炸、危险五种标志。危险警示牌采用2mm铝合金板冲压而成，表面涂有高亮度抗紫外线室外反光材料，由红黄两种颜色组成。警示牌的形状有三角形和长方形，其中长方形警示牌的四角有四个洞，可供绳子穿带。

六、闪光警示灯

闪光警示灯工作时是频闪型的，它带光控、手控开关，光线暗时自动闪亮，可控制5~10个灯闪烁。警示灯由塑料制成，一般为防爆型，内部装有两节1.5V一号电池。

七、手持扩音器

扩音器用于灾害事故现场指挥。要求功率大于20W，1m之内声强≥100dB。

思 考 题

1. 简述警戒器材的分类。
2. 简述危险警示牌的标志种类。

第三节　救 生 器 材

学习目标

1. 了解救生器材的结构原理。
2. 掌握救生器材的使用方法。
3. 熟悉救生器材的使用注意事项。

救生器材是指在各种灾害、事故现场运用于营救被困人员或辅助被困人员逃生的器材装备。主要包括：常规救生器材、现场救护器材、逃生避难器材、水上救助器材等。

一、常规救生器材

常规救生器材主要包括：救生照明线、救生气垫、救援起重气垫、支撑保护套具、稳固保护附件、救生抛投器、救援三脚架、救生软梯等。

（一）救生照明线

救生照明线是一种连续线性照明器材，在能见度较低或无光源的场合，作为照明和疏散导向用。

救生照明线主要由电源输入电缆、照明线体、专用配电箱、绕线架转盘等组成。

某款救生照明线主要技术性能如下：

1. 专用配电箱

供电电源：220V；额定电流：20A；漏电保护开关额定动作电流：≤30mA；最大分断时间：≤0.2s。

2. 照明线体

每米最大电流：≤0.07A；每米最大功率：≤17W；单条线体耐拉力：≥30kg；单条线体长度：≤80m；最大接力长度：≤160m。

3. 整机

连续工作时间：≥16h；防护等级：IP44；绝缘电阻：正常使用温度下≥50MΩ，交变湿热试验后≥1.5MΩ。

4. 使用环境

温度：专用配电箱为-5～+40℃；照明线体为-20～+55℃；湿度：≤95%。

5. 重量

专用配电箱：6.5kg±0.5kg；照明线体：17.5kg±0.5kg。

（二）救生气垫

救生气垫是接救从高处下跳人员的一种充气软垫，可分为通用型救生气垫、气柱型救生气垫两种类型，救生气垫性能应符合《消防救生气垫》XF631—2006要求。

1. 通用型救生气垫

通用型救生气垫采用电动机或发动机驱动的通风机向整个气垫内充气，气垫内多分为两至三层，待气垫内充至一定压力鼓起后以承接跳下人员。

（1）结构。通用型救生气垫（图4-3-1）主要由缓冲气包、安全风门、充气内垫、充气风机等组成。

（2）主要技术性能见表4-3-1。

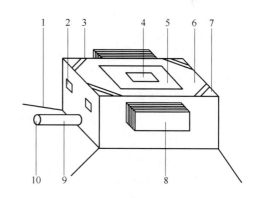

图4-3-1　通用型救生气垫结构

1—四角把持绳；2—安全风门；3—垫顶四角反光标志；4—垫顶反光标志；5—垫顶中部识别标志；6—垫顶；7—垫顶四角识别标志；8—缓冲气包；9—进气管；10—进气口

表4-3-1　通用型救生气垫主要技术性能

尺寸(长×宽×高)/m	充气时间/min	最大救生高度/m
6×4×2	≤4	15
8×6×2.2	≤5	20
7.5×6×2.7	≤5	20

（3）使用方法

① 选择现场疏散口垂直下方较平整且无尖锐物的场地，平面展开救生气垫，救生气垫四周应留有一定的空地。

② 将救生气垫进气口紧固在风机排风口上，然后起动发动机使其正常运转，待救生气垫高度标志线自然伸直时，急速运转。救生气垫进气口软管此时要呈弯曲状态，防止风机和充气管断开。

③ 在怠速运转时，救生气垫工作高度的保持可通过开闭风门来控制，不可将救生气垫充气成饱和状态，以免过大增加反弹力，影响正常使用，危及人身安全。

④ 使用时四角应有专人把持，微开安全风门，同时指挥逃生人员对准救生气垫顶部的垫顶反光标志下跳，下跳人员触垫后必须迅速离开救生气垫。

⑤ 使用结束后，打开安全风门，待气全部排尽后，按原来的方式折叠存放。

（4）注意事项

① 救生气垫仅用于紧急救援，严禁使用消防救生气垫进行训练、逃生演练，严禁开展真人试跳。

② 救生气垫应尽可能远离火源，避免锐器硬物钩、扎。

③ 救生气垫上方不应有任何遮拦物。

④ 救生气垫工作时必须打开安全风门。

⑤ 被救人员不可携带尖硬物体和锐器下跳。

⑥ 救生气垫一次只可接救一人，严禁两人同时使用，连续使用时，应有一定时间间隔，应注意保持充气高度。

⑦ 救生气垫不可在地面拖拉、摩擦。

⑧ 救生气垫在使用过程中，不可将其固定在某处，四角把持人员随着气垫的上、下波动收放绳索，不可以死拉硬拽，以免损坏四角部位，影响使用。

2. 气柱型救生气垫

气柱型救生气垫采用气瓶或气泵向气垫内四周的气柱内充气，待气柱内充气至一定压力立起后支撑起整个气垫以承接跳下人员，其结构、使用方法、注意事项与通用型救生气垫相似，主要技术性能见表4-3-2。

表4-3-2　气柱型救生气垫主要技术性能

尺寸(长×宽×高)/m	3.5×3.5×2.2	6.0×4.5×2.5
接救面织物氧指数/%	≥26	≥26
救生高度/m	14	16
接救面面积/m²	12.25	27
压缩空气瓶体积/L	6.8	6.8×2
充至施救状态的充气时间/s	≤30	≤90
接救间隔时间/s	≤5	≤5
质量(含气瓶)/kg	58	92
包装尺寸(长×宽×高)/cm	120×60×45	130×70×50
包装质量/kg	≤78	≤115

（三）救援起重气垫

救援起重气垫适用于不规则重物的起重，并能用于普通起重设备难以工作的场合，特别适用于营救被重物压住的遇难人员，如交通事故、建筑倒塌等现场救援。救援起重气垫由高强度橡胶及增强性材料制成，靠气垫充气后产生的体积膨胀起到支撑、托举作用；必要时可将多个起重气垫重叠使用，以满足起重高度的要求。起重气垫有方形、柱形、球形等类型，依据起重重量，可划分为多种规格。

1. 结构

救援起重气垫（图4-3-2）由高压气瓶、气瓶阀、减压器、控制阀、高压软管、快速接头、气垫等组成。

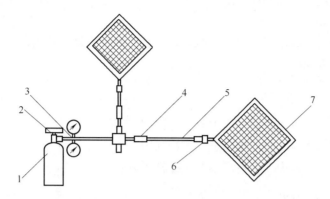

图4-3-2 救援起重气垫结构

1—高压气瓶；2—气瓶阀；3—减压器；4—控制阀；5—高压软管；6—快速接头；7—气垫

2. 主要技术性能

主要技术性能见表4-3-3。

表4-3-3 救援起重气垫主要技术性能

尺寸(长×宽×高)/mm	最大工作压力/MPa	最大起重质量/kg	最大起重高度/mm	质量/kg
390×390×25	0.8	8000	150	≤12
560×560×25	0.8	4000	150	≤14

3. 使用方法

（1）将救援起重气垫从箱中取出，将其置于需要起重处。

（2）将快速接头接到气垫上，关闭控制阀上的放气旋钮。

（3）打开气瓶阀，手动操作控制阀，让压缩空气缓缓通过减压阀和高压软管向气垫充气，气垫充气后体积膨胀，重物被慢慢抬起。

（4）起重工作完成后，应先关闭气瓶阀，再打开控制阀上的放气旋钮，手动操作控制阀，将气垫内压缩空气放完。

（5）关闭控制阀，取下快速接头，装箱。

（四）支撑保护套具

主要用于：建筑倒塌、车辆事故、沟渠救援、墙体支撑等现场支撑保护作业，包括手动、气动、液压等工作方式，分为重型、轻型等。

下面以压缩气体为动力的支撑保护套具进行介绍：

1. 结构

高压气瓶、减压器、控制阀、高压软管、撑杆、延长杆、底座、紧固带、各类撑头。

2. 主要技术性能

工作压力：>10bar（1MPa）；长度：(40~600)cm+120cm；支撑重量：14t。

3. 使用方法

（1）将撑杆与底座相连，并估算好顶撑高度是否需要增加延长杆。

（2）将撑杆与高压软管连接（高压软管与控制阀、减压器、高压气瓶连接好）。

（3）把组合好的支撑套具置于需要的支撑处。

（4）打开气瓶阀，手动操作控制阀，让压缩空气通过减压阀和高压软管向撑杆充气，撑杆重启后达到顶撑高度。

（5）支撑工作完成后，应先关闭气瓶阀，打开控制阀的放气旋钮，手动操作控制阀，将撑杆内的压缩空气放完。

（6）分离各部件，装箱。

4. 注意事项

（1）撑杆应放置于重物的中心或重心下方使用。

（2）在起重过程中应及时使用固定支撑物加固。

（3）在撑杆顶撑过程中，人员严禁站在撑杆下方。

（五）稳固保护附件

包括：各类垫块、止滑器、索链、紧固带等，与救生、破拆器材配套使用，起稳固保护作用。

垫块是用于顶升过程中，对上升物体进行随动支撑防止垮塌，可单块，也可相互固定联结或叠加，形成稳定的承重柱，保证救援现场安全，通常作为起重气垫和重型支撑套具的辅助稳固附件。其形状分为长方形、鞍形、大三角形和小三角形。其材质是高压聚乙烯，最大单件承重120t，每1cm²最大承重100kg，防水防腐防碎。

（六）救生抛投器

救生抛投器（亦称射绳枪）是以压缩空气为动力，向目标抛投救生器材（如救生圈、牵引绳等）的一种救援装备。

1. 结构

救生抛投器（图4-3-3）主要由救援绳、牵引绳、抛射器、发射气瓶、自动充气救生圈、塑料保护套、气瓶保护套等组成。

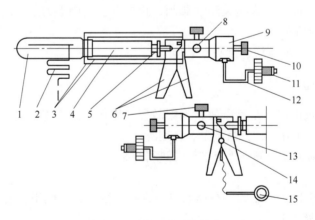

图4-3-3　救生抛投器结构

1—救生圈外套；2—救援绳；3—气瓶保护套；4—发射气瓶；5—快速接头；6—枪把手；7—放气阀；8—压力表；9—枪体套；10—压紧螺栓；11—连接帽；12—高压进气管；13—泄压阀；14—安全销孔；15—安全销

2. 主要技术性能

主要技术性能见表4-3-4。

表4-3-4 救生抛投器主要技术性能

工作压力	试验压力	发射距离	救援绳拉断力	牵引绳拉断力	使用温度范围
20MPa	30MPa	≥80m(抛绳) ≥70m(水用抛绳)	>4000N	>1500N	−30 ~ +60℃

3. 使用方法

（1）发射前的准备工作

① 将救援绳理顺渐次放入绳包中。

② 发射气瓶嘴保护套上，有4个小孔，将快速自动充气救生圈上黄色牵引绳的两端分别从2个相对的小孔穿入，再将黄色牵引绳的两端分别从气瓶嘴保护套上的另外2个相对的小孔穿入，一同套在气瓶嘴上，用扳手拧紧气瓶嘴保护套，牵引绳及救生圈被连接在发射气瓶上。这样就使发射气瓶与救生圈和主救援绳相互连接。

作为陆用抛投器使用时，取下橙黄色水用塑料保护套，套上气瓶保护套。同时将救援绳更换为牵引绳即可。

③ 牵引绳上有一个连接小吊钩，打开小吊钩环与救援绳头端相连，关闭小吊钩环（当发射气瓶被发射出去时，通过牵引绳带动救援绳及救生圈起到救援目的）。

④ 将装有救生圈的塑料保护筒安装到发射气瓶上，准备给气瓶充气。

（2）发射

① 拔出发射安全销。

② 以适当角度置于身前，并估计发射距离（应超过被救目标），双手紧握，扣动发射扳机进行发射。

③ 气瓶落水后3 ~ 5s，救生圈自动胀开。

④ 遇险者抓住救生圈，并将它套在自己的身上，救援者即可将遇险者拉到安全地带。

（3）再发射

先将快速充气装置及救生圈和发射气瓶上的水分甩掉，用洁净的干布擦拭干净，对其进行检查，确保无漏气无磨损后方可再用；将救生圈装上新的溶解塞；卷好救生圈，塞入新的水用塑料保护筒中，理好救援绳，将塑料保护筒装在发射气瓶上，把救援绳连接好；将发射气瓶装回发射装置上，进行充气，对救生抛投器各零部件进行检查，确认安装连接好，方可再次发射。

4. 注意事项

（1）使用前应检查救援绳，确定其完好无打结现象方可使用。

（2）系统应保持干燥，避免水分在发射之前使救生圈膨胀，影响发射。

（3）发射时应采用抛物线，严禁直接对准被救目标及物体，以免伤害被救者或损坏发射气瓶。

（4）救生抛投器的救援绳、发射气瓶、自动充气救生圈都是可以反复使用的。

（七）救援三脚架

救援三脚架是一种快速提升工具，基本结构为三脚架，必要时可连接固定绳索呈两脚架形式，用于山岳、洞穴、竖井、高层建筑等垂直现场的救援工作。

1. 结构

救援三脚架由三角支架、手动或电动绞盘、吊索、滑轮等组成。

2. 主要技术性能

主要技术性能见表4-3-5。

表4-3-5　救援三脚架主要技术性能

收拢长度/m	撑开长度/m	最大荷载/kg		吊索长度/m	手动力 (配手动绞盘)/N	电压 (配电动绞盘)/V
		电动绞盘	手动绞盘			
1.7	2.75	200	160	≤500	30	220

3. 使用方法

使用时摇动手动绞盘的摇把或将电动绞盘接上220V电压后，按上升或下降键即控制吊索的上下从而达到救援的目的。手动或电动绞盘均配有下降自锁装置，即上升到半空时突然不摇动摇把或断电时，荷载物或人不会向下掉，只有将摇把反方向摇动或按下降键时，吊索才会向下运动。

（八）救生软梯

救生软梯是一种用于营救和撤离被困人员的移动式梯子，它可收藏在包装袋内，在楼房建筑发生火灾或意外事故，楼梯通道被封闭的危急遇险情况下用于救援或逃生。

1. 结构

救生软梯一般由钩体和梯体两大部分组成，主要包括钢制梯钩（固定在窗台墙上）、边索、踏板和撑脚。其中梯钩和撑脚采用金属构件；边索为阻燃纤维编织带；踏板采用表面具有防滑功能的铝合金管制作，并且用电镀铆钉或螺钉固定在两侧边索上。

2. 主要技术性能

主要技术性能见表4-3-6。

表4-3-6　救生软梯主要技术性能

整梯长度/mm	负荷/kg	梯宽/mm	踏板间距/mm	边索/mm		撑脚高度/mm	梯钩(U字形)/mm	
				宽	厚		宽度	深度
7000±50	900							
10000±50	900						70~290 之间 可无极 调节	
13000±50	900	260±5	335±5	37±3	1.6±0.1	100 ±2		170±10
16000±50	1200							
19000±50	1200							

3. 使用方法

救生软梯通常卷放于包装袋内（缩合状态），使用时，将窗户打开后，把梯钩安全地钩挂在牢固的窗台上或窗台附近其他牢固的物体上，然后将梯体向窗外垂放，即可使用。用户应根据楼层高度和实际需求选择不同规格的救生软梯。

二、现场救护器材

现场救护器材一般分为搬运类医疗器材和急救类医疗器材。

（一）搬运类医疗器材

搬运类医疗器材有折叠式担架、多功能担架、躯体固定气囊、肢体固定气囊、固定抬板、敛尸袋等。

1. 折叠式担架

折叠式担架重量轻、体积小，使用方便安全。主要用于医院、工厂、体育场地、队伍战地运送救护人员。折叠式担架一般采用高强度铝合金材料制成。

主要技术性能见表4-3-7。

表4-3-7　折叠式担架主要技术性能

展开尺寸/mm	折叠尺寸/mm	净重/kg	承重/kg
2045×540×135	1025×110×175	≤5.2	≥120

2. 多功能担架

多功能担架一般由专用垂直吊绳、专用平行吊带、专用D形环、担架包装袋等组成。它体积小、重量轻，可单人操作，便于携带，可水平或垂直吊运。用于消防紧急救援、深井及狭窄空间救助、高空救助、地面一般救助、化学事故现场救助等。

主要技术性能见表4-3-8。

表4-3-8　多功能担架主要技术性能

材料	净重/kg	承重/kg	耐温/℃
由特殊复合材料制成	≤5.2	≥120	−20～+45

3. 躯体、肢体固定气囊

躯体、肢体固定气囊一般由PVC材料制成，它具有快速成型、牢固、轻便、表面不容易损坏、可洗涤的特点。在真空状态下能像石膏一样固定伤员的骨折或脱臼的部位，使之在转运过程中免受二次伤害，并可保持70h以上。躯体固定器可按伤员的各种形态而变化。X光、CT、MRI均可穿透。肢体固定气囊用于固定受伤人员的肢体，负压工作，可拆卸清洗。

4. 固定抬板

固定抬板周边开有提手口，可供多人同时提、扛、抬。可与头部固定器、颈托配合使用，避免伤员颈椎、胸椎及腰椎再次受到伤害。可以漂浮于水面，抗碰撞性能强，表面经防污处理易清洗。固定抬板主要技术性能见表4-3-9。

表4-3-9　固定抬板主要技术性能

尺寸(长×宽×高)/mm	自重/kg	承重/kg
2000×460×65	≤8	250

（二）急救类医疗器材

急救类医疗器材主要有心肺复苏装备、婴儿呼吸袋、医疗急救箱等。

1. 心肺复苏急救盒

心肺复苏急救盒包括心肺复苏按压器与心肺复苏呼吸面罩两部分。

心肺复苏急救盒的功能为：

（1）按压器帮助操作者给被救者胸部以正确的压力和频率。

（2）每分钟发出100个鸣音，帮助操作者进行胸部按压时，掌握频率和节奏。

（3）指示灯对不同体重的人（从儿童到成年人）进行指示。

（4）按压装备有压力过大灯指示，减少了肋骨骨折刺伤肺部、伤害心脏的危险。

（5）面罩可自动包裹被救者的鼻腔，使气流进入口和肺，适用于不同大小的脸型。

（6）面罩设有单向阀，气流不会倒流，避免了血液、呕吐物及分泌物的感染。且单向阀不含橡胶，可拆卸，易清洗，可反复使用。

（7）面罩为透明材料制作，便于观察被救者的出血、呕吐状况和唇色。

2. 婴儿呼吸袋

婴儿呼吸袋用于在灾难来临或有化学危险时提供呼吸防护，救助婴儿脱离灾害事故现场。

（1）结构及工作原理。婴儿呼吸袋主要由头罩、滤毒罐、送风机、电源等组成。其由PVC材料制成，配铝制底板，锂电池电源。与过滤罐配合使用，通过鼓风装置将外部空气通过滤毒罐送入头罩内，形成密闭正压，在婴儿危机时能有效保证婴儿呼吸顺畅。

（2）主要技术性能见表4-3-10。

表4-3-10　婴儿呼吸袋主要技术性能

额定电压/V	使用时间/h	送风量/(L/min)	质量/kg	尺寸/mm
DC9	2	约45	0.87	340×680

（3）使用方法

① 安装电池、连接有毒物质过滤罐。

② 打开电源开关，等待袋内充满空气。

③ 拉开袋子拉链，把婴儿放入袋中，固定好，头朝排气孔，然后拉上拉链。

（4）注意事项

① 当环境中氧气含量低于17%时不得使用。

② 使用时婴儿头部不得置于进风口一端。

3. 医疗急救箱

医疗急救箱一般配置有敌腐特灵洗消剂、防水创可贴、医用消毒湿巾、弹性绷带、医用胶带、烧伤敷料、三角巾、安全别针、无菌纱布片、乳胶止血带、高分子急救夹板、医用剪刀、医用镊子、一次性乳胶手套、带单向阀的人工呼吸罩、急救毯、急救说明书、急救手册等常规外伤和化学伤害急救所需的敷料、药品和器械。

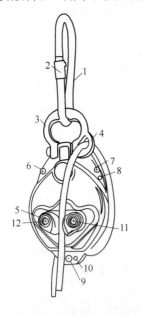

图4-3-4　JSH-100/30-20型高空救生缓降器

1—安全钩；2—安全钩锁扣；3—缓降器挂环；4—缆绳导向环；5—止降装置；6，7，9—缓降器螺母；8，10—固定销；11，12—止降器螺栓

三、逃生避难器材

逃生避难器材是在发生建筑火灾的情况下，遇险人员逃离火场时所使用的辅助逃生装置，主要有缓降器、逃生梯、救生滑道、应急逃生器等。

（一）缓降器

缓降器是一种使用者靠自重以一定的速度沿绳索自动下降并能往复使用的逃生器材。它可安装于建筑物窗口、阳台或楼平顶等处，也可安装在举高消防车上，营救受难人员。

1. 结构及工作原理

缓降器（图4-3-4）通常是由安全钩、安全带、绳索、调速器、金属连接件及绳索卷盘等组成。其调速器固定，绳索可以上下往返。下降速度随人体重量而定，整个下降速度比较均匀，不需要人进行辅助控制，可往复连续救生。

缓降器的速度控制器结构较复杂，通常有离心力制动式和油制动式两种。离心力制动式速度控制器的特点是绳索行走时，依靠圆盘回转的离心力，使制动器动作以调整速度；油制动式速度控制器的特点是绳索行走时，依靠油对回转翼的阻力，使速度得以调整。

2. 主要技术性能

（1）额定荷载通常为35～100kg。

（2）绳索

① 钢丝绳索。外表面应无磨损现象，直径不应小于3mm，材质应符合YB/T 5197—2005的要求。

② 有芯绳索。绳芯采用航空用钢丝绳，材质应符合YB/T 5197—2005的要求。外层材质为棉纱或合成纤维材料。全绳结构应一致，编织紧密，粗细均匀并无扭曲现象。

（3）安全带。安全带的织带应为棉纱或合成纤维材料，带宽40～80mm，带厚1～3mm，带长1000～1800mm，并带有能按使用者胸围大小调整长度的扣环。

（4）安全钩。安全钩应由金属材料制成并设有防止误开启的保险装置，保险装置应锁止可靠。

（5）绳索卷盘。绳索卷盘应采用塑料、橡胶等非金属材料制成，且无尖锐的棱角和凸起。

（6）下降速度。缓降器的下降速度均应在0.16～1.5m/s之间。

3. 使用方法

（1）将调速器用安全钩挂在预先安装好的挂钩板上，或用安全钩、连接用钢丝绳将其挂在坚固的支撑物上（暖气管道，上、下水管道，楼梯栏杆等处）。对已安装了安装箱的用户，可在紧急情况发生时打碎玻璃取出调速器。

（2）将钢丝绳盘顺室外墙面投向地面，且保证钢丝绳顺利展开至地面。

（3）使用者系好安全带，将带夹调整适度。

（4）使用者站在窗台上，拉动钢丝绳长端，使其短端处于绷紧状态。

（5）使用者双手扶住窗框将身体悬于窗外，松开双手，开始匀速下降。

（6）下降过程中，面朝墙，双手轻扶墙面，双脚蹬墙，以免擦伤。

（7）使用者安全落地后，摘下安全带，迅速离开现场。

（8）当第一个人着地后，绳索另一端的安全吊带已升至救生器悬挂处，第二个人即可套上安全吊带后下滑。依次往复，连续使用。

4. 注意事项

（1）缓降器的挂钩板可按不同的安装形式和要求进行设计制造，使救生器获得最佳安装位置，便于受难人员安全使用。

（2）缓降器摩擦轮毂内严禁注油，以免摩擦块打滑而造成滑降人员坠落伤亡事故。

（3）使用缓降器时，滑降绳索不允许同建筑（窗台、墙壁或其他构件）接触摩擦，以免影响滑降速度及使用寿命。

（4）滑降绳索编织保护层严重剥落、破损时，须及时更换新绳。

（二）救生滑道

救生滑道是由柔性材料为主体制成的带有特殊阻尼套的长条形通道式结构，是一种能使高空下滑人员安全着陆的新型救生装备，通常安装在建筑物内，也可以随举高消防车使用。

1. 结构及原理

救生滑道由外层防火套、中间阻尼套和内层导套三层组成，三层重叠后固定在入口圈上。入口尺寸通常为ϕ600mm和500mm×600mm。救生滑道的工作原理是利用阻尼层对下滑人员产生的横向阻力来减慢下滑速度，使得下滑人员安全着陆。

2. 主要技术性能

主要技术性能见表4-3-11。

表4-3-11　救生滑道主要技术性能

入口圈尺寸/mm	滑道总长度/m	滑道的平均下滑速度/(m/s)
ϕ600和500×600	7.5～60	>4.0

3. 使用方法

（1）使用者进入救生滑道之前，应脱去外衣、皮鞋等可能钩扎滑道和影响下滑速度的物体，并去除领带，如在冬天进入救生滑道，应脱去棉衣等累赘衣物，尽量穿着全棉服装进入滑道。

（2）使用者双手向上竖起，双脚进入滑道，滑行过程中可通过提肘、屈膝等人体姿态来控制下滑速度。

（3）在施救过程中，将婴儿抱入成人的怀中，小孩骑在成人肩上一起下滑。

（4）多人共同使用滑道时，前后下滑应有时间间隔，以免踩伤他人。

（5）使用滑道时，滑道下端一定要有2～3个专人收口，待下滑人员踩到收口部位后，再松开让下滑人员滑出。

（三）应急逃生器

应急逃生器（图4-3-5）是使用者靠自重以一定的速度下降且具有刹停功能的一次性使用的逃生器材。

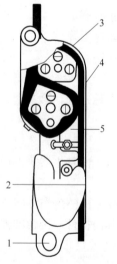

图4-3-5　应急逃生器结构

1—操作手柄；2—速度控制机构；3—绳索；
4—减速机构；5—下滑控制机构

1. 结构及原理

应急逃生器主要由操作手柄、速度控制机构、绳索、减速机构、下滑控制机构等部件组成。其绳索固定，调速器随人从上而下，不能往返使用，下降速度通常为下降者本人控制。调速器的结构比较简单，主要依靠绳（带）与速度控制部件摩擦产生的阻力来调整下降速度。

2. 主要技术性能

（1）每次承载人数：1人。

（2）使用高度：小于15m。

（3）下降速度：0.16～1.5m/s（人员控制）。

（4）刹停功能：调速器置于刹停状态时，应急逃生器应能停止运行；置于正常运行状态时，应急逃生器的下降速度为0.16～1.5m/s。

3. 使用方法

（1）将逃生器的一端绳索固定，并按规定的方法把钢索缠绕在逃生器摩擦轮中，安全带连接在逃生器下方。

（2）逃生人员套上安全带，依靠自身的重量使绳索与逃生器内摩擦轮产生摩擦阻力使下降缓慢。

（3）下降者本人手握摩擦器上的握把实施下降，松开握把即可停止下降。

四、水上救生器材

水上救生器材主要有水面漂浮救生绳、水面抛绳包、水面救援拖板、水上救援担架、消防救生艇和冲锋舟等。

（一）水面漂浮救生绳

水面漂浮救生绳可漂浮于水面，标识明显，用于水面救援。应满足最小破断强度≥35kN；在水面漂浮48h不下沉；重量≤4.8kg/100m。

（二）水面救援拖板

水面救援拖板用于单人救援及伤员运输，板体为聚丙烯材料填充，板体扶手为聚乙烯材料制成，拖板底部及上表面为ABS塑料。扶手贯穿全拖板，表面防滑。水面救援时由船拖行到遇难者身旁，遇难者可抓住救援拖板的扶手并被迅速带离危险水域。水面救援拖板可同时对多个遇难者实施救援。主要技术性能：长1.7m、宽0.84m、重18kg。

（三）水上救援担架

水上救援担架用于伤员的救助、运输。材质为聚氯乙烯、聚氨酯和尼龙。担架左右各有一个浮子，配有腰部调节器和ϕ11mm绳子。

（四）水面抛绳包

水面抛绳包主要用于急流水域的救助作业。绳包及绳子可漂浮在水面上，绳长一般为12～22m。

思 考 题

1. 简述起重气垫的使用注意事项。
2. 简述救生抛投器的使用方法。
3. 思考在救援现场如何发挥救生器材的优势。

第四节 破 拆 器 材

● 学习目标

1. 熟练掌握破拆器材的定义、分类。
2. 掌握常用破拆器材的用途、基本结构、工作原理、使用方法及注意事项。

3. 能准确把握破拆器材的特点及适用范围。

破拆器材是指消防救援人员在灭火或救援时强行地开启门窗，拆毁建筑物，开辟消防通道，清除阴燃余火及清理火场时常用的器材装备。破拆器材按其使用的动力不同可分为手动、机动、电动、气动、液压和化学破拆器材等。

一、手动破拆器材

手动破拆器材是指利用人力作为动力进行破拆作业的装备。主要有斧、钩、铤、锹、锯和剪等，主要用于破拆门窗、地板、天花板、木板屋面、板条抹灰墙以及在火场上剪断电线等。近年来，多功能手动破拆工具组、冲击器以及撬斧工具等新型手动破拆工具逐渐普及。

（一）消防斧

1. 分类

消防斧分尖斧、平斧和腰斧三种。

2. 适用范围

（1）消防腰斧是个人携带装备，主要用于破拆建筑、个别构件和作（房顶、陡坡）行动支撑物。

（2）消防尖斧用于破拆砖木结构房屋及其他构件，也可破墙凿洞。

（3）消防平斧用于破拆砖木结构房屋及其他构件。

（二）铁铤

（1）分类。按结构形式和用途可分重铁铤、轻铁铤、轻便铁铤和万能铁铤四种。

（2）适用范围。主要用于破拆门窗、地板、吊顶、隔墙以及开启消火栓等，寒冷地区也可用其破冰取水。

（三）多功能手动破拆工具组

多功能手动破拆工具组是在消防撬杆的基础上研发的一种产品，以一杆多头的形式派生出消防斧、木榔头、爪耙、接杆（水平和标高测量尺、探路棒）、撑顶器、消防锯、消防剪等多种破拆救援工具。撬杆握把由高强度的绝缘材料制成，杆体为多节组合式，杆头更换简便快捷，可以在救灾现场根据场所条件要求，组合出不同长短的杆柄，同时还可在不同长度的杆柄上换装不同功能的杆头，从而实现多功能头和各种长度杆柄的组合使用，其功能用途如下。

（1）（单头、双头）挠钩：用于破拆吊顶、开辟通道等作业。

（2）榔头：敲碎4m以下的着火建筑的窗户玻璃以进行排烟、透气，平头端可临时作防爆工具使用。

（3）爪耙：清理现场倒塌物、障碍物、有毒有害物质以及灾后的垃圾。

（4）撑顶器：用于临时支撑易坍塌的危险场所的门框、窗户和其他构件，保护灭火救援人员安全地进出。

（5）消防锯：锯断一定高度的易坠落物、易坍塌物和构件。

（6）消防剪：对灾害现场的电线、树枝、连接线、各类绳带等进行剪切。

（7）消防斧：用于劈开门、窗以及一些木质障碍物，也可撬开地板、箱、柜、门、窗、天花板、护墙板、水泥墙板、栅栏、铁锁等。对于缝隙较小的情况，可以先劈开一条缝再撬。也可用于敲碎4m以下着火建筑的窗户玻璃。

（8）水平和标高仪：单杆长1m，通过组合连接，长度为2.5m（二长一短）可以在现场迅速地测量水平距离、标高、坑或涵洞的深度，便于做出科学决策和救援行动。

（9）探路棒：可以作为火灾、浓烟、洼地、水坑等场所灭火救援的探路工具。

（10）担架撑杆：使用两根2m长的挠杆，中间穿布兜或网兜，可充当临时担架。

（四）撬斧工具

撬斧工具汇集了手动破拆的多种功能，可用于撬多种结构的门和锁、钢板凿孔、切割、木板砸撬等。工具头采用高强度不锈钢制成，手柄有防滑纹，握持可靠，可运用于多种场所。

其主要技术性能表见4-4-1。

表4-4-1 常用撬斧工具主要技术性能

型号	工具长度/mm	手柄力/N	撬门力/N	撬锁力/N	拔钉力/N	切割板(Q235A)/mm	凿孔板/mm
QF-4	783	600~800	≥4000	≥10000	≥10000	≤1.5	≤1.5

（五）冲击器

冲击器的冲击头采用高强度工具钢制造，强度大，韧性好。手柄运用人体工程学设计，最大限度满足人体操作能力。冲击器使用时可根据破拆对象的不同选用合适的工具头，集凿、切、砸、撬等工作方式于一体，可广泛运用于多种场所。

其主要技术性能表见4-4-2。

表4-4-2 常用冲击器主要技术性能

型 号	外形尺寸/mm	质量/kg	冲击锤质量/kg	冲击行程/mm
CJQ750-A	750×ϕ65	≤8.45	4.8	438

（六）其他手动破拆工具

消防铁锹主要用于挖运沙土、清除危险物质和清理火场。

手锯主要用于锯断金属锁、销、栅栏等小型物件。

绝缘剪用于剪断电线以切断电源，也可剪断大直径金属丝、线材及带刺铁丝，以及清理火场，开辟通道。

二、机动破拆器材

机动破拆器材是指利用小型发动机作为动力源，通过机械传动进行动力传输的破拆器材，主要包括：机动链锯、无齿锯、混凝土链锯等。

（一）无齿锯

无齿锯是以小型发动机为动力源，通过锯片的高速旋转，切割金属、混凝土、木材等障碍物的破拆器材。

1. 结构

无齿锯主要由二冲程发动机、前把手、后把手、启动锁、后油门、切割锯片（有砂轮锯片和金刚石锯片两种）、保护罩、停机按钮等部分组成，无齿锯结构见图4-4-1。

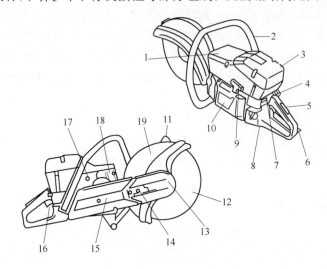

图4-4-1　无齿锯结构

1—切割盖；2—前手柄；3—汽油滤清器盖；4—阻风门；5—油门锁杆；6—后手柄；7—启停开关；8—油箱盖；
9—启动手柄；10—启动器；11—锯片护罩调整杆；12—切割锯片；13—切割头；14—皮带张紧调整螺钉；
15—切割臂；16—油门；17—启动减压器；18—消音器；19—锯片保护罩

2. 工作原理

发动机产生的动力通过传动机构带动切割锯片高速运转对构件进行切割。

3. 主要技术性能

以某型号无齿锯为例，其主要技术性能见表4-4-3。

表4-4-3　某型号无齿锯主要技术参数

型号	发动机	发动机排量/mL	油箱容量/L	最大空转速度/(r/min)	功率/kW	锯片直径/mm	最大切割深度/mm	质量/kg
K750	单缸二冲程风冷式汽油发动机	74	0.9	5400	3.7	350	125	9.8

4. 使用方法

冷机启动：

（1）进行启动前检查。

（2）打开开关，按下减压阀（减小气缸内压力，汽油机启动后会自动弹出），关闭阻风门（增大油气比，便于启动）。

（3）控制油门至半油门状态。

（4）右脚置于后手柄内紧贴地面，左手紧握前手柄，右手缓慢拉动启动手柄，感到有阻力后快速用力拉动启动绳，启动无齿锯。

启动后，立即打开阻风门，扣动油门扳机使其复位，让发动机急速转动2～3min，进行热机后，再正式使用。

热机启动：

（1）打开开关，按下减压阀（阻风门拉杆处于推进去状态，进气通道保持正常打开）。

（2）控制油门至半油门状态。

（3）右脚置于后手柄内，左手紧握前手柄，右手用力拉动启动拉绳，启动无齿锯。

锯切作业时，应左手握紧前把手，右手握住后把手（拇指按下油门锁杠，食指控制油门），并扣动油门扳手，确定切割位置后，先以较低转速接近被切割物体，然后使发动机高速运转，将锯片90°垂直于切割物体进行锯切作业。

破拆完毕后，发动机怠速运转2~3min后，关闭开关。

5. 注意事项

（1）严禁在易燃易爆及带电等危险情况下使用。

（2）夜间或黑暗条件下使用无齿锯，应保证现场照明。

（3）操作时作业点前应设置安全区域，锯片前严禁有人，防止锯片破碎后伤人。

（4）操作中必须佩戴好头盔、护目镜、手套和防护服。

（5）操作人员作业时应保持正确位置及适当工作距离。

（6）作业时应保持直线切割，当锯切角度不佳或发生倾斜时，严禁强行改变切割角度，否则将造成锯片反弹损坏，严禁在肩部以上进行破拆作业。

（7）使用金刚石锯片切割混凝土、沥青、石膏板、大理石等障碍物时，必须用水冷却锯片；使用树脂锯片切割金属时，严禁接触到水，防止树脂锯片受潮变形发生崩裂。

（8）破拆时必须根据现场情况，采取合理安全措施，严禁盲目破拆承重构件。

（9）操作时严禁触摸消音器防止烫伤。

（10）无齿锯运转时严禁添加燃油，如需添加必须停机，冷却10min后，在通风条件下进行。

（11）启动后，锯片防止触地。

（12）无负荷情况下，不得长时间高速运转。

6. 维护保养

（1）燃油使用

① 无齿锯使用单缸二冲程风冷式发动机，必须使用添加机油的混合汽油（90号以上汽油）作为燃料，按规定的机油与汽油容积比混合后添加。

② 添加燃油时，应保持油箱盖和加油口周围清洁干净。

③ 加油时，放稳无齿锯，用漏斗放入加油口，将燃油缓缓加入油箱，拧紧油箱盖。

（2）注意事项

① 放严禁使用四冲程发动机机油和二冲程水冷式发动机机油，以免损伤发动机、密封圈、油路和油箱。

② 使用附带的燃油壶配油，不得随意配比燃油，防止造成发动机拉缸。

③ 添加燃油时，油箱不得加满，避免燃油洒出。

（3）部件检查

① 检查油门控制组件，油门控制及油门锁是否正常，机器运转怠速情况。

② 检查驱动皮带的张力，检查锯片及防护罩。

③ 检查启动器及绳索，检查整机各部件是否连接牢固。

④ 检查启停开关是否正常运作。

⑤ 检查手柄、防振装置是否损坏。

⑥ 检查火花塞跳火间距是否保持规定范围。

⑦ 检查启动器及复位弹簧是否正常。

（二）双轮异向切割锯

双轮异向切割锯是一种动力切割工具，它采用了双锯片异向转动切割的工作模式，与单锯片的无齿锯相比，既提高了切割速度，又降低了切割作业时的反冲力及振动，并能在多角度下工作。双轮异向切割锯目前有电动和机动两种动力类型，下面以某型号机动双轮异向切割锯为例进行介绍。

1. 结构

主要由机体、发动机、前把手、后把手、启动锁、后油门、切割锯片、保护罩、停机按钮等部分组成，双轮异向切割锯结构如图4-4-2所示。

图4-4-2　双轮异向切割锯

2. 工作原理

发动机产生的动力通过传动机构带动切割锯片高速运转对构件进行切割，双锯片异向转动，能快速切割硬度较高的金属薄片、塑料、电缆等。

3. 技术性能

双轮异向切割锯可破拆高速列车等现代交通工具的超硬金属车身，包括钢管、角铁、钢筋等各种钢材，可切割汽车玻璃、玻璃幕墙等材料，也可切割铝型材、铜材、木材、塑料、汽车轮胎等材料。以某型号机动双轮异向切割锯为例，其主要性能参数如表4-4-4。

表4-4-4　某型号双轮异向切割锯主要技术参数

型　号	CDE2530XP
汽缸排量/mL	70.7
标准怠速/(r/min)	2700
无负荷最大转速/(r/min)	9600
功率/kW	3.9
燃油箱体积/L	0.77
机油箱容积/L	0.42
机油泵供油	自动供油
质量(不含燃油、润滑油、锯片)/kg	12.5
噪声水平/dB	114
锯片规格/mm	315
切割深度/mm	115
燃油体积混合比(机油∶汽油)	1∶25

4. 操作使用

检查切割轮片、锯片固定螺钉、燃油、润滑油和传动皮带松紧度；随后的步骤同无齿锯操作。

5. 注意事项

（1）需按照要求定期对机器进行保养。

（2）在操作中必须佩戴好头盔、护镜、手套和防护服。

（3）开始切割作业时，应逐步提高锯片转速，缓慢平稳切入，不得强压锯片切入。

（4）应尽量保持锯片与被切物表面垂直，当必须斜面切割时，初始要尽量放慢切割速度，待两锯片同时切入后，逐渐提高转速。

（5）切割时必须沿直线移动，以免损伤锯片。

（6）在仅能使用锯片的切割区域进行切割。

（7）保持适当的工作距离，禁止超过肩高使用双轮异向切割锯。

（8）机器如不具备防爆功能，在运转过程中不能添加燃油，外溢油必须擦干。

6. 维护保养

参考无齿锯的维护保养。

（三）机动链锯

机动链锯主要用于锯切木结构、木制品或塑料制品。

1. 结构

机动链锯（图4-4-3）主要由机体、发动机、前把手、后把手、锯链、导板、导板顶端链轮、阻风门、油门扳机、制动把手、启动锁、停机开关等部分组成。

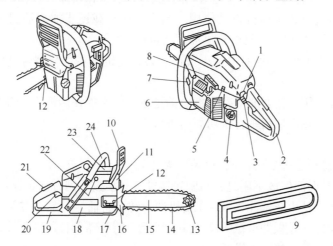

图4-4-3　机动链锯结构

1—停机开关；2—后手柄；3—阻风门；4—燃油箱盖；5—化油器调整螺钉；6—启动机盖；7—链润滑油箱盖；
8—启动手柄；9—导板套；10—安全护挡；11—消音器；12—紧链螺钉；13—导板顶端链轮；14—锯链；
15—导板；16—防撞器；17—捕链器；18—离合器盖；19—右把手板；20—油门扳手；21—油门锁；
22—启动减压器；23—汽缸盖罩；24—前把手

2. 工作原理

发动机输出的动力，通过离合器传给锯切结构；锯切是通过离合器碟和导板顶端链轮带动锯链沿导板、链轮、片状导板内的导槽做高速运动从而带动切齿进行切割。

3. 主要技术性能

以某型号机动链锯为例，其主要技术性能见表4-4-5。

表4-4-5　机动链锯主要技术性能

型号	发动机	排量/mL	额定功率/kW	油料箱容积/L	机油容积/L	最大切割直径/mm	混合比	净重/kg
C230	二冲程风冷式	35.2	1.4	0.47	0.2	355/406	1:25	5.5

4. 使用方法

以某款机动链锯新机为例，介绍机动链锯操作使用。

（1）使用前准备工作：

① 新机启封后，各部位要擦拭干净，检查各紧固件是否有松动或脱落。

② 旋下火花塞，将停火开关拨至停火位置，从火花塞孔注入少量汽油于气缸中，转动曲轴几圈，将气缸内封存油排除，清洗气缸，再注入少量的清洁润滑油，转动曲轴几圈，同时注意曲轴转动是有否卡碰现象。

③ 将燃油和机油按规定的混合比混合后，加满燃油箱，将润滑油加入曲轴箱机油室。

④ 安装锯链和导板，注意调整锯链的松度和安装方向。

⑤ 检查火花塞跳火情况，旋上火花塞即可启动。

（2）启动运转：

① 调整风门开度（将阻风门把手拉出），将停机开关拨至工作位置，锁住扳机，用脚踩住后把手，随即拉动启动绳，一般拉动3次即可启动。

② 启动后应立即打开阻风门（将阻风门把手推进），扣动油门扳机使其复位，让发动机急速运转2~3min进行暖车后再正式使用。当由低速空载逐步加大油门，转速超过2800~3000r/min时，链锯开始转动，机油泵供油润滑锯链。

③ 新机必须经过20~30h的中、小负荷运转，使链锯各部分磨合良好，才能全负荷运转进行锯切作业。

（3）锯切作业：锯切作业时应左手握紧前把手，右手握住后把手，并扣动油门扳机，使发动机高速运转，将锯齿切刃垂直于切断面进行锯切。

（4）停机封存：

① 停机时先怠速运转2~3min，再关停火开关。

② 当锯链较长时间停放不用时，为防止锈蚀，必须按下列方法封存：放掉汽油、机油，将各部位揩拭干净；从火花塞注入10~15g机油，转动曲轴3~4转，使活塞位于上止点，旋上火花塞；拆下锯链、导板并揩拭干净，涂上油脂；将外露部位的零件涂薄层防锈油脂，用包装塑料袋将整机包好，放于干燥通风处。

5. 使用注意

（1）在操作中必须配戴好头盔、护镜、手套和防护服。

（2）使用时应握紧链锯以防脱手，防止反弹伤人；启动和工作时，前方不许有人和其他动物。

（3）切割时，应以较小的旋转速度接近破拆对象，待确定切割方向后再逐渐提高链锯转速，缓慢平稳切入，不得强压链锯切入。

（4）对原木或木质结构件进行破拆时，要保持机器的稳定，导板应垂直于作业面。

（5）对树木的砍伐，要注意周围的风向、坡向等，确定切入口，并先清除周围小树、树枝，避免反弹；注意被切割物的下落情况，以免引起伤人及机器损坏事故。

（6）保持适当的工作距离，禁止超过肩高使用链锯。

（7）在无负载情况下，严禁高速运转。

（8）机器如不具备防爆功能，在运转中不能添加燃油，外溢油必须擦干。

（9）链锯没有完全停止转动前，严防触地。

（10）当锯齿变钝，切断力明显下降时，应停机更换或修复后再继续使用；使用中如有异常振动，应立即停机查明原因，予以排除后方可继续使用。

6. 维护保养

（1）日常保养

① 清除外部灰尘、木屑和油污。

② 清洁空气滤清器。

③ 清除导板槽中及油孔中木屑。

④ 导板头部导轮、离合器滚针轴承要加注润滑油。

⑤ 检查各部紧固件是否松动，及时排除不正常现象。

（2）使用50h后。应清除发动机内部积炭及脏物，清洗化油器，并检查各配合部位及链轮、齿轮等磨损情况，视需要及时清理或更换，再按规定加注润滑油。

（四）混凝土链锯

1. 结构

混凝土链锯各方面都与机动链锯类似，不同之处在于混凝土链锯采用的是金刚石链条，同时带有进水接口，可对因切割产生的碎末进行冲洗，加快切割的速度。除可以用来锯切木材外，还可用于锯切混凝土、砖石、小钢筋等。

2. 主要技术性能

主要技术性能见表4-4-6。

表4-4-6　混凝土链锯主要技术性能

型　　号	633GC-14	613GC-12
发动机	单缸二冲程，风冷	单缸二冲程，风冷
功率/kW	4.8(6.5HP)	4.2(5.7HP)
燃油比	35:1	35:1
含链及链板质量/kg	12.5	9.5
链板长度/mm	406	356
切割深度/mm	340	305
切割速度/(cm/min)	钢筋混凝土:90~160	钢筋混凝土:80~140
	一般混凝土:160~190	一般混凝土:140~170
	砖墙:190~320	砖墙:170~300
水压/流量	0.15MPa/(15L/min)	0.15MPa/(15L/min)

3. 使用方法

（1）连接水带。

（2）起动发动机。

（3）油门开至最大。

（4）先用链板头切出深2.5cm的导槽，而后深切至50cm，最后穿透。

（5）切墙时先下边，然后两边，最后上边，防止器材被重物压着，造成损坏。

（6）使用时尽量减小晃动，延长链条寿命，尽量用穿刺法切割，直线切割时，应使用助切器。

（7）使用完成后，带水空转30s，以冲泥浆。

（8）清洗、晾干，然后在链板和链条上涂牛油后收存。

4. 注意事项

（1）不要切割铸铁、煤渣砖和粗大钢筋，会缩短链条寿命。

（2）需两人同时操作，一人切割一人压水相互配合；压水人员应当备好充足的水源，保证工作全程链条的降温效果。

（3）每次使用后，必须立即清洗，防止水泥浆凝固后卡坏器材。

（4）清洗时，防止水进入化油器、排气系统，如水进入排气孔，把链板尖指向地面，拉动启动器几次，把水排出消声器。

（5）清洗后，把锯体、链条、链板、驱动链轮上喷涂轻油，以防泥浆堆积。

（6）防止切下的混凝土伤人，注意30cm×30cm×30cm的混凝土重68kg。

三、液压破拆器材

液压破拆器材是指以液压油压力作为动力进行破拆作业的器材。液压破拆系统通常由液压泵组件、高压输油导管组件、破拆器头组件等部分组成，其通用技术条件执行标准GB/T 17906—1999。

液压泵根据动力不同可分为手动液压泵、机动液压泵和电动液压泵三种。破拆器头根据用途不同可分为液压扩张器、液压剪切器、开门器、救援顶杆、多功能钳等。按照液压泵与破拆器材是否集成为一体，有便携式与分体式两种。便携式液压破拆器材将液压泵与破拆器材集成为一体。

（一）机动液压泵

1. 结构及特点

机动液压泵是将汽油机的机械能转化为液压能的动力源，具有体积小、重量轻、携带方便等特点，结构见图4-4-4。

机动液压泵一般具有2~4级压力输出，且高低自动转换。

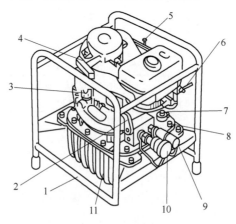

图4-4-4 机动液压泵结构

1—支架；2—手控开关；3—发动机曲轴箱加油口；4—起动手柄；5—油门；6—汽油开关；7—加油口盖；8—油箱盖；9—高压出油口；10—低压回油口；11—油箱

2. 主要技术性能

以BJQ63/0.6型机动液压泵为例，该液压泵采用航空液压油，可在−30～+50℃温度环境下使用；配套使用两套5m长双色联体超高压软管，爆破压力高于200MPa，其主要技术性能见表4-4-7。

表4-4-7 液压机动泵主要技术性能

型 号	BJQ63/0.6-B	BJQ63/0.6-C
高压压力/流量/MPa(L/min)	63/0.6	2-63/0.6
低压压力/流量/MPa(L/min)	10/2.0	2-10/2.0
油箱容积/L	2.2	10
输出形式	双接口/单输出	双接口/双输出
质量/kg	≤19	≤44
外形尺寸(长×宽×高)/mm	350×278×400	430×360×550

3. 使用方法

（1）检查液压油箱内油面，油面应位于油标刻度尺的1/2位置以上；检查发动机曲轴箱润滑油油面、汽油箱汽油油面。

（2）用软管上的快速接头将机动液压泵与相应的破拆器头连接。

（3）打开油路开关、阻风门、打开电源开关，将发动机油门扳至起动位置，起动发动机。起动后，关闭阻风门。将油门逐渐加大，调整到工作状态。

（4）打开液压阀，将发动机油门调至正常转速即可向破拆器头供给压力油，操作破拆工具进行作业。

（5）工作完毕后，将发动机油门置于小负荷或关机位置，然后关闭液压阀、油门和电源开关。

（6）脱开快速接头，盖好防尘帽，盘好软管，待发动机充分冷却后装箱保存。

（二）手动液压泵

1. 结构

结构见图4-4-5。

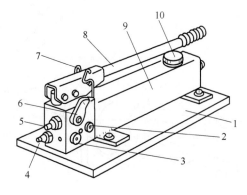

图4-4-5 手动液压泵结构

1—底板；2—低压限压阀；3—安全阀；4—出油管接口；5—回油管接口；6—手控泄压开关；
7—锁钩；8—手柄；9—油箱箱体；10—油箱盖

2. 主要技术性能

主要技术性能表见4-4-8。

表4-4-8　手动液压泵主要技术性能

型　号	SB63/1.5-A	SB63/0.6-B
高压压力/流量/MPa(mL/次)	63/1.5	63/0.6
低压压力/流量/MPa(mL/次)	8/12	8/5
油箱容量/L	1.7	0.7
手柄操作力/N	<350	<300
质量(含油管)/kg	<10	<5
外形尺寸(长×宽×高)/mm	620×150×170	380×140×100

3. 使用方法

（1）检查油箱油面，油面高度一般不低于整个油箱的2/3。

（2）松开油箱盖，通过油箱盖上的通气孔使油箱内压力与外界压力平衡。

（3）用软管上的快速接头将手动泵与器头连接。

（4）关闭手控卸压开关。

（5）打开锁钩，上下均匀摇动手柄。

（6）工作完毕后，首先缓慢松开手控卸压阀，卸掉泵及管路压力，然后将手动泵与配套工具间快速接口脱开。

（7）将油箱盖拧紧，用锁钩将手柄锁紧。

（8）在操作过程中应注意除尘、防尘，操作结束后应检查部件，擦拭后装箱保存。

（三）液压扩张器

液压扩张器是液压驱动的大型破拆装备，在发生事故时，用于支起重物，分离金属和非金属结构，具有扩张和闭合功能。

1. 结构

结构简见图4-4-6。

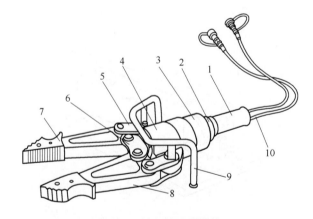

图4-4-6　液压扩张器结构

1—手柄；2—手动转向阀；3—双向液压锁；4—工作油缸；5—连接板；6—联轴器；
7—扩张头；8—扩张臂；9—手柄支架；10—高压软管

2. 主要技术性能

扩张器的主要参数是扩张力范围和扩张距离，主要技术性能见表4-4-9。

表4-4-9 液压扩张器主要技术性能

型 号	KZQ120/42-A	KZQ200/60-c
工作压力/MPa	63	63
扩张力/kN	42～120	60～230
扩张距离/mm	630	730
最大牵引力/kN	55	65
牵引行程/mm	500	540
质量/kg	≤17	≤25
外形尺寸(长×宽×高)/mm	704×280×185	785×200×328

3. 使用方法

（1）取出扩张器，用带快速接头的软管将其与液压泵相连。

（2）初次使用扩张器时，转动换向手轮，先使扩张器空载往复工作几个满行程，以便使工作油箱内空气全部排出并充满液压油。

（3）转动换向手轮将扩张器置于闭合或张开状态后，停止操作，将扩张器在需要扩张或夹合环境下，使扩张器与可靠支点接触，保证受力点在扩张头上。

（4）继续转动换向手轮，另一操作者操作液压泵供油，即可利用扩张器负载下的扩张或闭合，以达到扩张或夹合作业。

（5）工作完毕后，应使扩张器空载反向运行一小段距离，以卸掉工作油缸中的高压。

（6）使用后在空载下转动换向手轮使扩张臂呈微开状态。

（7）脱开快速接头，盖好防尘帽，除尘后用固定装置固定或装箱。

（四）液压剪切器

液压剪切器主要用于事故发生时，剪断门框、汽车框架结构或非金属结构，以救护被夹持或被锁于危险环境中的受害者。

1. 结构

结构见图4-4-7。

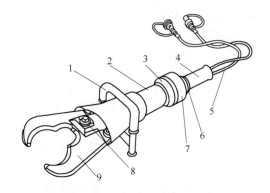

图4-4-7 液压剪切器结构

1—手柄Ⅰ；2—工作油缸；3—油箱盖；4—手柄Ⅱ；5—高压软管；6—手控换向阀及开关；

7—双向液压锁；8—中心销轴锁母；9—剪刀

2. 主要技术性能

剪切器的主要参数是剪切能力和开口距离，液压剪切器的剪切能力通常用剪切圆钢直径和剪切钢板厚度（Q235材料）表示，其中我国标准要求环形刀口剪切圆钢直径不小于19mm，直形刀口剪切钢板厚度不小于2mm。某品牌三种型号剪切器主要技术性能见表4-4-10。

表4-4-10　液压剪切器主要技术性能

型　　号	JDQ20/110-C	JDQ28/150-D	JDQ34/185-E
工作压力/MPa	63	63	63
最大剪切力/kN	200	420	520
最大剪切能力/kN	$\phi20$圆钢	$\phi28$圆钢	$\phi34$圆钢
最大开口距离/mm	≥110	≥150	≥185
质量/kg	≤9.3	≤12.8	≤15
外形尺寸(长×宽×高)/mm	800×190×165	730×190×165	780×210×165

3. 使用方法

液压剪切器的操作使用参考液压扩张器。

（五）液压剪扩器

液压剪扩器是在剪切器的基础上更换一对多功能剪刀，能在完成多种剪断功能的同时具有扩张、牵引等功能，从而达到一钳多用的目的。

1. 结构

液压剪扩器结构见图4-4-8。

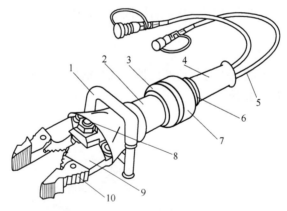

图4-4-8　液压剪扩器结构

1—手柄Ⅰ；2—工作油缸；3—油箱盖；4—手柄Ⅱ；5—高压软管；6—手控换向阀及手轮；7—双向液压锁；
8—中心销轴锁母；9—刀片（多功能剪刀）；10—扩张头

2. 主要技术性能

剪扩器的主要参数是扩张力范围和剪切能力。某品牌三种型号的剪扩器主要技术性能见表4-4-11。

表4-4-11　液压剪扩器主要技术性能

型　　号	DGQ10/24-C	DGQ15/32-D	DGQ20/40-E
工作压力/MPa	63	63	63

续表

型 号	DGQ10/24-C	DGQ15/32-D	DGQ20/40-E
最大剪切力/kN	200	420	520
最大剪切能力/mm	ϕ20圆钢	ϕ28圆钢	ϕ34圆钢
	10钢板	15钢板	20钢板
扩张力/kN	24~55	32~85	40~105
扩张距离/mm	≥250	≥360	≥400
质量/kg	≤10	≤13.5	≤16
外形尺寸(长×宽×高)/mm	840×210×165	800×205×165	850×215×165

3. 使用方法

液压剪扩器的操作使用参考液压扩张器。

（六）液压救援顶杆

救援顶杆主要用于对重物的支撑，也可用于长距离扩张重物，但被扩张对象间的距离需大于救援顶杆的闭合长度，因此，救援顶杆可与扩张器联合使用，使扩张力更强。

1. 结构

结构见图4-4-9。

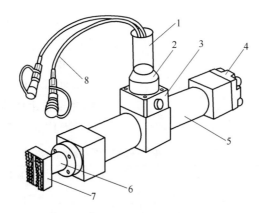

图4-4-9 液压救援顶杆结构

1—手柄；2—手控换向阀；3—双向液压锁；4—固定支撑；5—油缸；6—活塞杆；7—活动支撑；8—高压软管

2. 主要技术性能

主要技术性能见表4-4-12。

表4-4-12 液压救援顶杆主要技术性能

型 号	JDG195/460-E	JDG110/455-B	JDG110/355-C	JDG110/600-D
工作压力/MPa	63	63	63	63
最大撑顶力/kN	100~200	110	110	110
闭合长度/mm	≤460	≤455	≤350	≤600
撑顶行程/mm	600	280	175	425
加长杆长度/mm	无	100/175/275	100/175/275	100/175/275
作业范围/mm	460~1060	455~1290	350~1080	600~1580
质量/kg	≤15	≤12	≤10	≤14
外形尺寸(长×宽×高)/mm	460×95×260	455×80×255	350×80×255	600×80×255

3. 使用方法

（1）取出救援顶杆，摘下液压软管快速接头防尘帽，迅速将快速接头及防尘帽与手动或机动液压泵快速接头及防尘帽连接。

（2）将救援顶杆放在需要撑顶的物体或工作对象之间。

（3）转动救援顶杆换向手轮进行撑顶作业。

（4）工作完毕使顶杆并拢后再反向伸出 3 ~ 5mm。

（5）打开手动或机动液压泵手控开关泄压后，解除快速接头连接，同时盖好防尘帽。

4. 注意事项

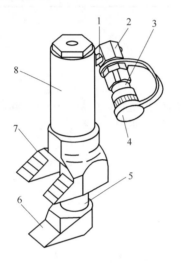

图 4-4-10　液压开门器结构
1—接头Ⅰ；2—接头Ⅱ；3—快速接口阴口；4—防尘帽；
5—活塞杆；6—底脚Ⅰ；7—底脚Ⅱ；8—油缸

（1）撑顶作业中支撑一定要牢固，防止滑脱造成意外伤害。

（2）使用中应避免救援顶杆活塞杆伸出部分被硬物划伤。

（3）在救援顶杆负载过程中，应避免活塞杆受到侧向力或侧向冲击，以免活塞杆失稳或使顶杆滑脱。

（七）液压开门器

液压开门器主要用于顶起金属卷帘门和其他物体。

1. 结构

结构见图 4-4-10。

2. 主要技术性能

液压开门器主要技术性能见表 4-4-13。

表 4-4-13　液压开门器主要技术性能

型　　号	工作压力/MPa	开启力/kN	油缸行程/mm	质量/kg	外形尺寸(长×宽×高)/mm
KMQ70/210-A	63	≥80	≥98	≤5.5	100×97×210
KMQ70/210-A1	63	≥110	≥110	≤6.5	120×110×235

3. 使用方法

液压开门器的使用方法参照液压救援顶杆。

4. 注意事项

（1）开门器只能用手动液压泵供油工作。

（2）开门器为单作用油缸，只用手动泵带阳口的出油油管。

（八）液压破拆工具的发展

1. 单管技术

传统的双管系统由连接泵和救援工具的独立的出油管和回油管组成，液压油由泵通过出油管进入器头，再从器头通过回油管流回泵，操作时需分别用出油管和回油管连接泵和器头，较为烦琐。单管技术是近几年逐渐发展起来并普及的技术，它是指救援系统的液压管、接头和阀门均采用单管，液压油从泵输入器头和从器头流回泵使用同一根液压管，如图 4-4-11 所示，这种单软管系统实际上是由外部低压液压管内嵌高压液压管组成。

与传统双管系统相比，单管技术更安全、更轻松、更便捷。首先，增加了救援人员的安全性，内部高压管受到低压管的保护，当油管发生异常，喷溅时不会伤及救援人员；其次，这种单管技术，接头的设计更加安全，操作过程中不会意外脱落；最后，单管接头可实现360°旋转，不会发生液压管缠绕现象，并且支持带压插拔，在救援现场需要更换器头时不需停机和回油，可节省人力和宝贵的救援时间。

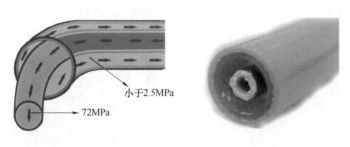

小于2.5MPa

72MPa

图4-4-11　单管技术示意图

2. 便携多功能化

在许多救援事故中，需要救援人员随身携带破拆工具进入现场，并要求单人操作，这时，便携多功能的破拆工具便成为救援人员的首选。目前，主要有电动液压破拆工具、背负式轻型液压破拆工具、便携式手动液压破拆工具，分别如图4-4-12（a）、（b）、（c）所示。

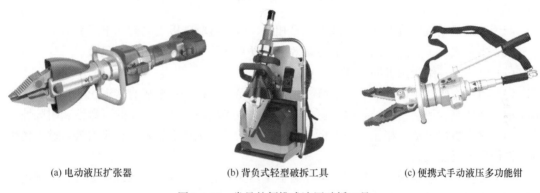

(a) 电动液压扩张器　　　　　　(b) 背负式轻型破拆工具　　　　　　(c) 便携式手动液压多功能钳

图4-4-12　常见的便携式液压破拆工具

四、电动破拆器材

电动破拆器材是指以电力作为动力进行破拆作业的器材，具有体积小、重量轻、操作使用方便等特点。有的使用直插电源（交流电），如电动双轮异向切割锯；也有的使用蓄电池（直流电），如钢筋速断器、纯电动破拆工具，包括纯电动扩张器、纯电动剪切器、纯电动剪扩器等。

（一）钢筋速断器

钢筋速断器可实现对钢筋护栏、护网的快速切断，如图4-4-13（a）所示，主要由枪体、切割头（可旋转）、液压油箱、电动机、充电电池等组成，可剪断 ϕ20mm Q235的钢筋，使用12V可充电电池，充电时间6~8h，刀头可旋转360°，5次连续切割应有6s以上的停顿时间。

切割时应随枪体自然旋转不要强行扳正枪体，如遇电力不足等情况枪体终止工作时，应将卸压阀打开卸压，使刀头退回。

（二）电动直驱破拆工具

随着电机技术的不断进步，纯电动直驱破拆工具逐渐映入人们视野，如图4-4-13（b）为某型号纯电动扩张器。电动直驱破拆工具的工作原理是电机驱动齿轮，直接带动螺杆，螺杆推动刀片的开启和闭合，在蓄电池电量充足的情况下可长时间高效运转。

(a) 钢筋速断器   (b) 电动直驱破拆工具

图4-4-13　电动破拆器材

与传统的机动液压或电动液压破拆工具相比，电动直驱破拆工具有如下优势：

（1）更加安全，无液压油压缩的弹簧效应，没有液压油泄漏和喷射的风险。

（2）噪声小，给受困者的心理压力更小。

（3）电动直驱，不再依赖液压系统，采用变速箱、螺杆等让电机直接输出驱动力，无需液压油、液压泵、活塞、各种阀门或密封圈，因此效率较高，具有较高的可靠性和耐久性。

（4）操作更加灵活。相比液压破拆工具，纯电动破拆工具更加轻便，没有液压软管的限制，操作角度更加灵活。

（5）可实现对速度的完全控制。液压破拆工具无法完全控制液压系统的速度，而纯电动则较容易实现，可以任意调节工具的工作速度。

（6）响应速度更快。液压破拆工具是通过逐级加压从而获得破拆能力，而纯电动工具则直截了当，可立即达到最大破拆能力，对于大型剪切或扩张操作，能立即响应，没有性能延迟。

某品牌电动直驱破拆器材性能参数见表4-4-14。

表4-4-14　某品牌电动直驱破拆器材主要技术性能

型　号	X2 EDD纯电动扩张器	型　号	G4W EDD纯电动剪切器
额定电压/V	43.2	额定电压/V	43.2
扩张力（扩张头根部）/kN	67.6 ~ 173.2	最大剪切开口/mm	154
扩张力（扩张臂外齿根部）/kN	105 ~ 342	最大剪切力/kN	523
牵引力/kN	45.9 ~ 91.2	最大剪切深度/mm	128

型　号	X2 EDD纯电动扩张器	型　号	G4W EDD纯电动剪切器
挤压力/kN	66.3～120.9	质量(含电池)/kg	16.0
质量(含电池)/kg	20.5	质量(不含电池)/kg	15.0
外形尺寸(长×宽×高)/mm	823×273×185	外形尺寸(长×宽×高)/mm	767×236×221

五、气动破拆器材

气动破拆器材是指以压缩空气作为动力进行破拆作业的器材，通常由压缩空气瓶（泵）、调压器（减压器）、输气导管、破拆枪、刀头等部分组成。常用的气动破拆器材包括：空气锯、气动切断器、气动破拆工具组、气动切割刀等。

（一）功能

（1）空气锯可用于切割钢材、轻合金、非金属、木材及塑料等。

（2）气动切断器适用各种车辆事故时，剪切钢板营救人员。

（3）气动破拆工具组用于凿门、交通事故救援、飞机破拆、防水门破拆、船舱甲板破拆、混凝土开凿等。

（4）气动切割刀用于切割薄壁、车辆金属和玻璃等。

（二）操作程序

（1）将减压阀、气瓶、输气导管、破拆枪进行正确的连接。

（2）打开气瓶，打开减压阀开关，调整工作压力至规定值。

（3）根据破拆对象的不同选择适当的刀头进行破拆作业。

（4）使用结束先关闭气瓶，放掉导管内余气后解除各部件之间的连接。

（5）操作结束后，检查器材，加注润滑油，将器材恢复至备战状态。

六、化学破拆器材

化学破拆器材是指通过化学反应的方式产生热、压强等对构件实施破拆的器材，常用的有乙炔切割器、丙烷切割器、便携式汽油切割器等。

（一）丙烷切割器

丙烷切割器主要用于破拆比较坚固的碳钢和低合金钢构件。主要由氧气瓶、丙烷瓶、减压阀、调节器、氧气管、丙烷气管、预热阀及割矩等组成。

使用丙烷切割器时，先打开氧气瓶和丙烷瓶，再打开预热阀。这样，丙烷就通过混合气管与氧气混合并从喷嘴喷出，点燃后对切割物预热。接着，按下快风机，高压、高速氧气从氧气管喷出，单独进行切割。

（二）便携式汽油切割器

便携式汽油切割器是一种能破拆普通低碳钢和低合金钢障碍物的火焰切割工具，具有体积小、携带方便、安全可靠、操作简单等优点，可快速切割30mm以下的普通低碳钢和低合金钢。

1. 结构

便携式汽油切割器（图4-4-14）主要由氧气瓶、氧气减压器、供油罐、氧气胶管、汽油胶管、割炬、背架或手提箱等组成。

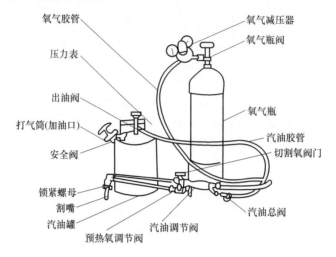

图4-4-14 便携式汽油切割器结构

2. 主要技术性能

主要技术性能见表4-4-15。

表4-4-15 便携式汽油切割器主要技术性能

型号	切割低碳钢厚度/mm	切割速度/(mm/min)	氧气工作压力/MPa	汽油使用压力/MPa	割嘴切割氧孔径/mm
QGB-30	0.5～30	600～320	0.4	0.09～0.2	1.1
QGS-30	0.5～30	600～320	0.4	0.09～0.2	1.1

3. 操作使用

（1）安装割嘴时，30°锥面要擦干净，拧紧锁紧螺母。

（2）稳压储油罐上的出油阀与割炬上的汽油胶管接头用专用耐油耐压胶管连接好，用专用管卡卡紧（储油罐出油阀接头端为正扣，割炬汽油接头端为反扣）。

（3）将储油罐上的出油阀关闭。通过加油口把车用汽油注入罐中，然后旋紧油盖（加油量为0.4～0.5L，不要加得过满，应留一定空间），打气加压至0.2MPa。

（4）将氧气瓶阀与割炬上的氧气胶管接头用专用氧气胶管连接好，并将氧气瓶上的总阀打开，调整好氧气减压器的输出压力。

（5）逆时针方向拧开储油罐上的出油阀及割炬汽油总阀（工作时应一直处于打开状态）。

（6）点火操作：①打开割炬上预热氧气调节阀给予少量氧气；②将明火放在割嘴处缓缓拧开汽油调节阀给油至点燃；③尽量调小火焰（火焰应一直保持蓝色，如出现红色应给少量氧气或将汽油调节阀调小），使蓝色焰芯尽量不要超出割嘴外套，使割嘴预热（夏季约3～5s，冬季约5～8s），后缓慢交替调整汽油调节阀和预热氧调节阀直至获得满意的火焰，工作时应一直保持焰芯超出割嘴外套3～5mm（火焰太短造成割嘴过热将割嘴烧坏；反之火焰太长又会造成割嘴温度太低使汽油不能完全气化）。

（7）熄火操作：熄火时应先关闭汽油调节阀再关闭预热氧调节阀，然后依次关闭汽油总阀、储油罐出油阀及氧气瓶总阀。

思 考 题

1. 破拆器材根据动力不同可以分为哪些类型?
2. 机动链锯、无齿锯、混凝土链锯各适用于什么材质的切割?
3. 液压破拆系统通常由哪些部分组成?根据动力不同,液压泵分为哪些种类?
4. 简述液压扩张器的使用方法。

第五节 堵 漏 器 材

● 学习目标

1. 了解堵漏器材的结构原理。
2. 熟悉堵漏器材的使用注意事项。
3. 掌握堵漏器材的操作使用方法。

堵漏器材是处置易燃、易爆或有毒、有害气体、液体泄漏事故的有效工具。堵漏器材品种较多,按堵漏原理不同可分为压力式堵漏工具和粘贴式堵漏工具。

一、压力式堵漏工具

压力式堵漏工具主要通过给泄漏口加压的方式终止泄漏,根据加压的方式不同可以分为气动加压、手动机械加压和电磁加压三种类型。

(一)气动加压式堵漏工具

气动加压式堵漏工具主要通过压缩空气对泄漏口产生压力封堵泄漏,主要有外封式堵漏袋、捆绑式堵漏袋、小孔堵漏枪、真空吸附堵漏器、下水道阻流器等。

1. 外封式堵漏袋

外封式堵漏袋主要运用于管道、容器、油罐车或油槽车、油桶与储罐罐体外部的堵漏作业。它由防腐橡胶制成,具有一定的工作压力,根据堵漏点的形状有不同的规格。

外封式堵漏袋一般由控制阀、减压表、带快速接头的气管、脚踏泵、4条10m长带挂钩的绷带、防化衬垫等组成。使用时将密封板盖在裂缝处,拿带有钩子的带子,钩在堵漏袋的铁环(旋转扣)上,将堵漏袋压在密封板上,并压住堵漏袋,把对称的带子绕桶体用收紧器连接好,用充气钢瓶或脚踏泵对堵漏袋充气,使其鼓胀,堵住泄露点,防止危险物质进一步泄露。

外封式堵漏袋使用时一般应防止破损、避免高温环境,带子捆绑要对称、收紧,密封板和堵漏袋必须重叠压在裂缝处,防止与尖锐物质接触。

使充气软管与堵漏袋接好,用充气气瓶供气。

2. 捆绑式堵漏袋

捆绑式堵漏袋主要运用于圆形管道以及圆形容器裂缝的堵漏作业。它由防腐橡胶制成,具有一定的工作压力，根据管道和容器的形状有不同规格。

捆绑式堵漏袋主要由控制阀、减压表、带快速接头的气管和2条带收紧器的绷带组成。使用时堵漏袋设有带子的一面朝外，把不带充气快速接头的一端捆绕在管道裂缝处，用堵漏袋上的带子绕堵漏袋一圈，与导向扣接好，再用导向扣把两根带子均匀用力收紧，把操纵仪充气软管与堵漏袋接好，用充气气瓶供气。

捆绑式堵漏袋使用时一般应防止破损、避免高温环境。捆绑堵漏面不应捆反，带子捆在堵漏袋上要对称、收紧；防止与尖锐物质接触。

3. 小孔堵漏枪

小孔堵漏枪主要用于密封油罐车、液罐车及储存罐裂缝的堵漏。由密封元件、密封枪、脚踏泵和操纵仪等组成，堵漏元件有防腐橡胶制成的圆锥形、楔形两种形状，分别适用于孔状泄漏和裂缝泄漏。

使用时将密封枪与脚踏泵连接，套上截流器，并选择合适的堵漏元件与之连接，而后再与操纵仪连接，最后将脚踏泵充气软管与操纵仪连接。消防员打开操纵仪，两手握住密封枪，将枪头堵漏袋的75%插入裂缝处，脚踏充气，直至泄漏处密封。

小孔堵漏枪使用时一般应防止破损，避免高温环境。堵漏袋必须插入泄漏处75%以上，连接杆在连接堵漏元件时要套上防护片，泄漏处如有铁质毛刺、锋口，不可使用，以免破损。

4. 真空吸附堵漏器

真空吸附堵漏器主要用于对稍呈拱形与平滑结构面的裂缝进行密封，利用真空进行密封排流。其覆盖层用增强聚酰胺酯材料制成，抗静电，抗油，化学耐抗性能良好。耐热性达115℃（短期），或95℃（长期）。

使用时先连接气瓶、减压器、操纵仪和充气软管，然后先把充气软管一头连接到吸附盘上，打开气源把吸附盘放置在泄漏处一直到泄漏停止。

真空吸附堵漏器在堵漏操作时一定要完全密封，不能有空隙，并且严禁在尖锐的表面使用，避免划伤吸盘，存放时避免高温环境。

5. 下水道阻流袋

下水道阻流带主要用于封堵下水道口和窨井，阻止有害液体流入城市排水系统，导致城区市政管网的污染。

下水道阻流带根据采用的材质可耐酸碱。使用时把阻流袋放于下水道上，向内充气，直至将下水道堵住。操作时，应防止被尖锐物质刺破。存放时可将滑石粉涂于其表面。

（二）手动机械加压堵漏工具

手动机械加压堵漏工具主要通过手动机械力对泄漏口加压封堵泄漏，主要有金属堵漏套管、阀门堵漏夹具、木制堵漏楔等。

1. 金属堵漏套管

金属堵漏套管主要用于各种金属管道的孔、洞、裂缝的密封堵漏。它外部由金属铸件制成，内嵌具有化学耐抗性的橡胶密封套，可使用于介质温度在-70～+150℃，可承受1.6MPa的反压。

金属堵漏套管使用时应防止破损，避免高温环境。堵漏时注意使泄漏点位于橡皮胶套的中央处，橡皮胶套的开口处要对准封漏套管一半的中间；封漏套管在泄漏点一侧时，螺钉不能拧紧，推至泄漏点后方可拧紧。

2. 阀门堵漏夹具

阀门堵漏夹具主要用于法兰泄漏时进行堵漏。

常用的法兰堵漏夹具有（长度1.27～10.16cm）9种规格，由轻质合金制成，可以对不同大小的法兰进行堵漏，使用方便有效。

使用时打开箱子，拿出相应规格的法兰堵漏夹具，用扳手拧下套管四周所有螺钉，然后将橡胶套包在泄漏的法兰一侧，盖上法兰堵漏夹具，并将它推至泄漏点，用扳手将螺钉对角拧紧。

法兰堵漏夹具应定期保养各处螺纹，必要时涂油脂，使用时必须使用防爆工具，防止碰撞引起火花，导致爆炸；使用完后消除污垢，保持干净。

3. 木制堵漏楔

木制堵漏楔采用进口红松经蒸馏、防腐、干燥等处理，用于各种容器的点、线、裂纹产生泄漏的临时堵漏，也可与快速堵漏胶、胶带和各种柔性材料配合使用对泄露点进行堵漏处理。适用于介质温度在-70～100℃、压力不超过0.8MPa的堵漏。该器具由圆形锥形、方楔形和棱台形三类木楔和木锤组成。

（三）磁压式堵漏工具

磁压式堵漏工具主要通过永磁体产生的磁力对泄漏口加压封堵泄漏。主要用于各种罐体和管道表面点状、线状泄漏的堵漏作业，迅速修复各种水、油、汽、酸、碱、盐及多种化学介质的泄漏。

磁压式堵漏工具采用超强永磁体构成，磁压式堵漏工具的原理是通过操纵手柄控制工作面上的磁通量，达到工具和泄漏本体之间的压合和释放，选择合适的仿形铁楔安装在工具本体上，快速堵漏胶调匀后堆于铁楔中央，迅速将工具压向泄漏口，同时扳动通磁手柄，数分钟内胶固化后，堵漏即告完成。该工具可用于介质温度在-70～+150℃、工作压力小于2.0MPa的场合。

二、粘贴式堵漏工具

粘贴式堵漏工具主要利用堵漏胶的粘贴作用封堵泄漏口，主要有快速堵漏胶、注入式堵漏工具和粘贴式堵漏工具。

（一）快速堵漏胶

快速堵漏胶为双组分胶，对金属或非金属制成的用于储存、运输各类水、油、酸、碱、盐、气体及有机溶剂等介质的容器泄漏。

快速堵漏胶的主要技术性能：抗剪切强度≥30MPa；使用温度范围在-70～250℃；修复后耐内压力≥30MPa。

（二）注入式堵漏工具

注入式堵漏工具适用于化工、炼油、煤气、发电、冶金等装置管道上的各种静密封点堵漏密封，如：法兰、阀门、接头、弯头、三通管等破损泄漏及储油塔、煤气柜、变压器等泄漏。

注入式堵漏工具采用无火花材料制作，由手动高压泵、注胶枪及一组注胶接头构成，采用内部注射密封剂料、表面粘贴、钢带捆扎等工艺手段加以解决。

注入式堵漏工具的堵漏过程是：在泄漏部位周围先用注胶夹具制作一个包含泄漏口在内的空腔，然后用注胶枪将专门的密封剂注入空腔并将其完全填充，这就形成了新的密封层，并以此制止泄漏。该工具适用于压力大于30MPa，使用温度范围−200～+600℃，根据所选堵漏胶棒确定。手动高压泵最高工作压力为76MPa。

（三）粘贴式堵漏工具

粘贴式堵漏工具主要用于各种罐体和管道表面点状、线状泄漏的堵漏作业。由组合工具和快速堵漏胶组成。组合工具由多种不同的器械构成，这些器械既可单独使用，又可组合成相互配合的组合，它们几乎可以适应处置各种复杂几何形状的泄漏。

粘贴式堵漏工具采用无火花材料制作，其基本原理是：根据泄漏口的形状，选用一块与之相吻合的仿形钢板，将快速堵漏胶按1∶1调好后敷在钢板上，待堵漏胶达到固化临界点时，用预先选好的组合工具将钢板迅速压至泄漏口上，几分钟后胶体固化，撤除工具，堵漏即告完成。该工具可堵介质温度为−70～+250℃，压力不超过2.5MPa的泄漏。

三、堵漏工具附属器具

无火花消防手动工具组采用优质青铜材料而成，主要应用于因产生火花而有可能引起爆炸危险的矿山、钢铁供气站、煤气供气站、天然气供气站、库房等作业场所，是石油、化工、轻工、医药、油漆、造船等行业消防抢险时不可缺少的安全性工具。抗拉强度>105kgf/mm²，硬度HRC≥35。全套含：管钳、克丝钳、锤子、防爆铲、F形扳手、活动扳手、梅花扳手、开口扳手、螺丝刀、锯子、錾子等21件，铝合金工具箱包装。

思 考 题

1. 压力式堵漏工具的分类有哪些？
2. 在堵漏过程中应注意的事项有哪些？
3. 对比压力式堵漏工具和粘贴式堵漏工具的特点。

第六节　输　转　器　材

● 学习目标

1. 了解输转器材的结构。
2. 熟悉输转器材的使用注意事项。
3. 掌握输转器材的操作使用方法。

输转器材是泄漏事故现场进行围堵、倒液、吸附、转移等作业的必要设备，常用的有输转泵、有毒物质密封桶、围油栏、吸附垫、集污袋等。

一、输转泵

输转泵是用于灾害事故现场对有毒、有害液体进行收集、储存转移的器材，主要包括手动隔膜抽吸泵、防爆输转泵、多功能液体抽吸泵等。

（一）手动隔膜抽吸泵

手动隔膜抽吸泵由泵体、传动杆、吸液管、出液管、吸附器、吸液器等部件构成，用于输转罐体、水井或水池内的有毒、有害液体，如油类、酸性液体等。

1. 主要技术性能

（1）泵体、橡胶管接口由不锈钢制成，隔膜及活门由氯丁橡胶或特殊弹性塑料制成，可抗碳氢化合物。

（2）全手动操作，携带方便，安装快捷，安全防爆。

（3）最大吸入颗粒直径ϕ8mm。

（4）接口直径为ϕ40mm或ϕ50mm。

（5）每分钟可抽吸100L液体，传动杆每摇动一次，可抽吸4L。

（6）抽吸和排出高度达5m。

2. 适用范围

一般情况下的少量液体（含化学液体）的输转都可使用。

3. 使用方法

把抽吸泵出液软管的一头接在抽吸泵的出口处，另一头放入有毒物质密封桶内，扳动传动杆，抽吸泄漏物即可。泵回收过有毒液体后一定要清洗干净。

（二）防爆输转泵

防爆输转泵用于容器到容器的液体输送，如强酸、强碱等腐蚀性液体和化学品。

防爆输转泵包括泵管、防爆马达、2个不锈钢软管接头、2.5m通用化工软管、带FEP密封的不锈钢喷枪、等电位线、桶接头PP（无防爆插头）。

主要技术性能——最大密度：强酸碱1.8kg/dm³，其他危险液体1.6kg/dm³。

（三）多功能液体抽吸泵

多功能液体抽吸泵主要用于输转有毒液体，如油类、酸性、碱性液体、放射性废料等，也可输送黏性极大的液体和直径小于8mm的固体粒状物。

1. 主要技术性能

有自动保护装置，无水情况下不会运行，最多连续使用5h；泵上配有辅助电子仪器，用于控制发动机和传动装置。

2. 使用方法

该液体抽吸泵应置于危险区与安全区的交界处使用，使用时一般与有毒物质密封桶联用。泵回收过有毒液体后一定要清洗干净。

（1）将接地线用无火花工具钉入地下300mm以下。

（2）插接电源。

（3）将出液软管的一头接在多功能液体抽吸泵的出口处，另一头放入有毒物质密封桶内。

（4）扳动抽吸泵电源开关即可工作。

（5）使用完毕先关闭电源，再拆除接地线。

二、有毒物质密封桶

有毒物质密封桶是用于输转作业过程中装载有毒、有害物质的容器，主要用于收集并转运有毒物体和污染严重的土壤等。

有毒物质密封桶由特种塑料制成，防酸碱、耐高温；密封桶由两部分组成，在上端预留了观察和取样窗，便于及时对物体进行观察和取样；容量300L，直径ϕ79.4cm，高108.5cm，质量26kg。

使用时，打开上盖，将需回收的物质装入桶内，盖好盖子。

三、围油栏

围油栏主要用于陆地及水面上发生油品泄漏时，围堵有毒有害物质泄漏，防止油类污水蔓延。

围油栏是由防腐材料制成，长100m、高60cm。将围油栏沿指定位置围成一圈，在较粗管道中注入气体，较小管道中注入水，以便围油栏浮于水面，防止油类及污水蔓延。每次使用后用清水或液体肥皂清洗，也可用中型消毒液进行清洗。

四、吸附垫

吸附垫主要用于在有毒液体泄漏的场所对小范围内的酸、碱和其他腐蚀性液体的吸附回收。其吸附能力为自重的25倍，吸附后不外渗。

使用时，不要将吸附垫直接置于泄漏物表面，应将吸附垫围于泄漏物周围。

使用后的吸附垫不得乱丢，要回收做技术处理。

五、集污袋

集污袋主要用于收集洗消的污水，是洗消帐篷的配套设备。

集污袋由聚乙烯材料制成，可耐酸碱。容量大小有1t、3t、4t等。

使用时，将污水泵的出口直接与污水袋的进口相连。展开集污袋时，须将红色环软垫朝上。使用后，应及时将集污袋内部污水排净，折叠时大口朝上，不能随意乱放。在收集污水时，不能盲目行事，要确认所收集的污水是否对集污袋有损害，否则不能使用。

思 考 题

1. 输转泵的分类有哪些？

2. 简述多功能液体抽吸泵的使用方法。

3. 简述集污袋的使用注意事项。

第七节　洗消器材

● **学习目标**

1. 了解洗消器材的构成。
2. 熟悉洗消器材的使用注意事项。
3. 掌握洗消器材的使用方法。

目前常用的洗消器材包括针对各种化学危险品的洗消剂、洗消站、单人洗消帐篷以及其他洗消用器材。洗消作业完成后洗消污水的排放必须经过环保部门的检测，以防造成次生灾害。

一、洗消剂

洗消剂分为消毒剂和消除剂。

（一）消毒剂

消毒剂主要有次氯酸钙、氯胺和碱性化合物，可用水或有机溶剂调制成消毒液，还可用某些消毒剂调制成具有多效作用的碱-醇-胺体系消毒液。消毒剂可与毒剂产生化学反应（如氧化、氯化、水解、热分解等），以达到消毒目的。

此外，利用物理吸附原理，如采用活性炭吸附毒剂，也可达到一定的消毒效果。

有些消毒剂对生物战剂也具有消毒作用。

（二）消除剂

消除剂由洗涤剂及结合剂组成，用以增强水的洗消能力，提高消除效果。洗消车辆主要有喷洒车、淋浴车，用于对人员、武器、技术装备和地面的洗消。

（三）常用洗消剂及洗消粉

针对酸、碱、氧化剂、还原剂、添加剂和溶剂造成的化学灼伤，目前主要运用敌腐特灵（Diphoterine）（高渗性酸碱两性螯合剂）和六氟灵（Hexafluorine）（酸碱通用、高渗、多价化合物）等洗消剂。

敌腐特灵是一种水性溶剂，内含一种吸附剂——酸碱两性螯合剂。它能同侵入的化学物质立即结合，使其变为中性物质，并挟裹着它们从人体中排出。该洗消剂具有阻止腐蚀性和刺激性化学物质进一步侵入人体的特性，且无毒、无刺激性、无腐蚀性。

敌腐特灵洗消剂有敌腐特灵洗消罐和敌腐特灵洗眼器等包装、使用形式。

1. 敌腐特灵洗消罐

敌腐特灵洗消罐用于被化学品污染的皮肤进行洗消。

（1）主要技术性能：一般在接触化学物 10s 内使用效果最佳，有效使用期 5 年，容量 5L。

（2）使用方法：与灭火器使用方法相同。拔下保险销，按下把手，用喷头对准污染处，距污染处30～50cm进行喷射。

（3）维护保养：使用后的敌腐特灵洗消罐可用独立的袋装洗消剂产品罐装后再次使用。

（4）注意事项：用洗消罐清洗前，必须脱掉全身衣物，否则衣物内残存的化学品会继续腐蚀人体，造成严重后果。

2. 敌腐特灵洗眼器

敌腐特灵洗眼器用于对受到化学品污染的眼睛进行洗消。

（1）主要技术性能：一般在接触化学物10s内使用效果最佳，有效使用期为2年，容量50mL。

（2）使用方法：打开盖子，将瓶子套于眼睛上，仰起头即可。

（3）注意事项：洗消前，必须清理眼睛周围异物，否则残存的化学品会继续腐蚀眼睛，造成严重后果。该物品为消耗品，无需维护保养。

二、洗消站（公众洗消帐篷）

洗消站主要是供多名中毒人员洗消的场所，也可以作临时会议室、指挥部、紧急救护场所等。洗消站一般包括一个运输包（内有帐篷、放在包里的撑杆）和一个附件箱（内有一个帐篷包装袋、一个拉索包、两个修理用包、一个充气支撑装置、塑料链和脚踏打气筒）。帐篷内有喷淋间、更衣间等场所，可根据污染物质的类别分区使用。

使用时，将帐篷在平地上铺设，使用供气器材（电动充气泵、充气软管箱、空气送风机、送风软管、分流器、恒温器、45m卷线盘）逐个给帐篷的气柱充气，充完一根气柱后用撑杆固定，使帐篷成型，将洗消用具（6个喷淋头、更衣间、喷淋槽、洗消篷）和供水器材（4000L水袋、水加热器、排污泵、15L均混桶及相应的连接用软管）与帐篷连接。

三、单人洗消帐篷

单人洗消帐篷由帐篷、供水排水设施和气源等组成，主要用于单个消防员离开污染现场时，对所穿着的特种服装进行洗消。其使用方法是：

（1）将折叠存放在运输袋内的个人洗消帐篷打开，确定帐篷入口供水及排水接头的位置，确定充气阀门的安装位置。

（2）将电动充气泵和充气软管及电线盘连接好，给个人洗消帐篷接上充气软管，分别给两个软管充气，在充气的同时把帐篷4个角拉挺，充气完成一半后可以放开。在风大的时候要给帐篷拉下固定带，把铁尖打入地下，使帐篷不被风吹倒。

（3）将供水泵放至离帐篷2m处，供水软管的一头接在供水泵上，另一头接在从消防车上放过来的水带上，供水泵与均混桶相接。

（4）将排水泵及回收水袋放到离帐篷4m处连接好，回收水袋的接头开关一定要开足，排水泵与帐篷的一个排水口相接，将排水泵的电线接上电源。

四、简易洗消喷淋器

简易洗消喷淋器主要用于消防及救援人员战后快速洗消。喷淋系统配备12个高压喷嘴及不易破损软管支架，遇压呈刚性。简易拆装，收纳在整理箱内，方便携带。其主要技术性能如下。

（1）接口形式：65mm水带接口。

（2）操作压力：2～7bar。

（3）展开高度：2.2m，水流量20L/min；质量24kg。

（4）收纳箱材质：铝合金。

五、其他洗消装备

洗消用器材包括搭建洗消站、洗消帐篷及洗消过程中所需的各种辅助器材。

（一）电动充（排）气泵

电动充（排）气泵由一根20m长电源线、一个进气口、一个出气口组成，电压为220V，主要用于搭建洗消帐篷时给洗消帐篷供气。其使用方法是：

（1）将充气泵电源插头插于线盘上，然后发动洗消车发电机。

（2）将充气软管的接头接于充气泵的出气口上，将充气软管的另一端连接于帐篷的第一个充气截流阀。

（3）打开第一个截流阀，关闭其他截流阀。

（4）打开电源，充气泵开始工作。

（5）等第一个气柱充足气后，关闭第一个截流阀，拨下充气管，盖上阀门盖子，接着充第二个，以此类推，将所有气柱充完为止。

（6）如需排气，只需将充气软管接于充气泵的抽气接口即可。

（二）空气加热送风机

空气加热送风机用于向洗消站（帐篷）内输送暖风或自然风，实现空气流通，并通过恒温器保持适宜的室内温度。

1. 主要技术性能

（1）电源为220V/50Hz，送风温度由恒温器自动控制。

（2）双出口柴油热风机，耗油量为3.65L/h，油箱为51L。

（3）工作时间：14h。

（4）供热量：35000K/h。

（5）最高风温：95℃。

（6）质量：70kg。

2. 使用方法

将加热机的送风软管连接好，并置于帐篷内，连接时要用铁钉座固定，然后安装排烟管道，打开电源开关，根据需要启动开关按钮，调节适量的风量和温度。

（三）热水加热器

热水加热器由燃烧器、热交换器、排气系统、电路板和恒温器等组成，主要用于对供人洗消帐篷内的水进行加热。

1. 主要技术性能

（1）可以提供95℃的热水，水的热输出功率在70～110kW之间。

（2）水罐分为两挡工作，水流量600～3200L/h。

（3）升温能力：30℃/3200L/h。

（4）供水压力：1.2MPa。

（5）电源：220V/50Hz。

（6）质量：148kg。

2. 使用方法

（1）将加热器抬至距离帐篷进水口1.5m处，将1根红色水带及带有65mm内扣式接口的一端连接至洗消车的出水口处，再将此红色水带及带有65mm×80mm内扣式接头的另一端接于供水泵进水口处。

（2）将装有均混桶1只、红色水管1根、"丁"字接头1个、金属架1只的塑料器材箱抬到供水泵旁。

（3）把均混桶夹于金属架当中（均混桶出水口朝下），再将塑料器材箱垫在金属架下面，之后将"丁"字形接头一头接于供水泵出水口，一头接于均混桶出水口。

（4）将红色水管一头接于供水泵出水口，另一头接于加热器进水口。

（5）拿1只电线盘、1只柴油桶、3根蓝色供水管至加热器旁放下。

（6）打开油桶盖，将加热器上的2根油管插入油桶中。

（7）依次从上而下，连接长、中、短3根蓝色水管，水管一头接于水加热器出水口，另一头插入帐篷的供水口处。

（8）将加热器的接头和供水泵的电源插头插入电线盘插座，洗消车发电机供电，打开洗消车供水开关，同时控制供水泵开关，打开电源。

（9）打开水加热器的电源开关，调节水温，并且注意观察压力表。

3. 维护保养

（1）每次使用完毕，擦拭热水罐外部及燃油过滤器。

（2）每6个月擦拭泵内过滤器和用酸性不含树脂的润滑油擦拭燃烧器马达。

（3）每使用200次点火器喷嘴后，检查是否积炭，并擦拭干净。

（四）洗消液均混器

洗消液均混器能按照被洗消人员受污染的程度，对洗消药液与水进行按浓度均匀混合，以达到不同洗消的目的。

主要技术性能见表4-7-1。

表4-7-1　洗消液均混器主要技术性能

均混量/(L/h)	均混浓度	最高均混温度/℃	出水压力/MPa
10～25000	0.1%～3%任意可调	50	0.03～0.6

（五）洗消供水泵

洗消供水泵为洗消站（帐篷）内的喷淋设备提供水源。

1. 主要技术性能

洗消泵带有一个直径ϕ45cm的进液口和出液口，可提供最大压力为0.2MPa的洗消水。

2. 使用方法

操作时，将供水泵的进液口与洗消水管相连接，出液口与喷淋设备的进液口相连接，然后启动开关按钮即可。

（六）高压清洗机

高压清洗机由带长手柄的高压水管、喷头、开关、进水管、接头、捆绑带、携带手柄、喷枪、消洗剂输送管、高压出口等组成，主要用于洗消各类机械、汽车、建筑物、救援工具上的有毒污染。电源启动，能喷射高压水流。必要时可添加洗消剂。

使用方法：先连接好水源，再连接电源，选用枪头，手握枪杆距离被污染车辆和器材约30cm，启动按钮。按照从高到低、从上风到下风的方向进行洗消。

（七）化学泡沫洗消机

化学泡沫洗消机主要用于洗消放射、生物、化学类污染。

1. 主要技术性能

（1）水流量约4L/min时，喷沫量为8m²/min。

（2）一箱洗消液的洗消能力为40m²。

（3）一瓶气可供4箱洗消液使用。

（4）钢瓶：6L/30MPa。

（5）工作压力：0.8MPa。

（6）最大进气压：1.6MPa。

2. 使用方法

（1）洗消剂调配：洗消添加剂的选用要视洗消现场的具体需要而定。T1泡沫洗消添加剂可与T2、B1合用，T2泡沫洗消添加剂可与B1合用，B1洗消添加剂为生物洗消（杀菌）专用，甲醛可与T2合用。

（2）储液桶洗消液的混合比例：生物洗消1分量瓶100mL B1加分量250mL T1可洗消口蹄疫病毒，2分量瓶100mL B1加分量瓶500mL T2加250mL T1可洗消例如炭疽病毒。

3. 操作方法

（1）两人操作，需穿着一级化学防护服装。

（2）以配制炭疽洗消液为例，取储液桶（空）加200mL B1添加剂、加500mL T2添加剂、加250mL T1添加剂，然后加入17.25L水，无需搅拌，将主机软管插入桶内即可完成调配任务。

（3）打开主机上气瓶保护套保险装置、将6L/30MPa气瓶与主机连接，锁定保险，检查主机各接口、阀门是否插入好用，打开气瓶调节压力，打开每个环球阀门检查软管接口是否漏气，工作压力是否正常。

（4）然后迅速取出泡沫枪与主机上软管连接，并拖上洗消现场，打开泡沫枪开关，即会喷出泡沫。

4. 注意事项

（1）使用气瓶时，工作压力降到底于0.8MPa时更换气瓶，检查进气工作压力最高不得超过1.6MPa。

（2）每次使用先将添加剂装进塑料桶里，然后再装入水，否则将不能保证均匀混合。

（3）每次洗消都需要专门的洗消添加剂，上述混合比例是针对混合总量为20L而言的，计量不足将达不到预计洗消效果，过量则会对人体和环境有害。

（4）确定剂量应使用分量瓶。

（5）每次使用后将设备用清水清洗干净。

（6）每次洗消时应由上而下进行洗消。

（7）在每次使用前必须先做好有针对性的个人防护，穿一级化学防护服装。

（8）洗消完毕后，注意个人洗消，防止二次污染。

（八）洗消污水泵

洗消污水泵将洗消后的污水通过污水泵集中收集，然后通过污水袋转运处理。

思 考 题

1. 简述洗消剂的分类有哪些？
2. 简述公众洗消帐篷的使用方法。
3. 简述化学泡沫洗消机的使用方法。

第八节　照明、排烟器材

● 学习目标

1. 掌握照明、排烟器材的种类。
2. 能正确使用照明、排烟器材。
3. 了解照明、排烟器材的维护保养方法。

一、照明器材

照明器材是用于提高火场和救援现场光照亮度的器材。按性能分为防水型、防爆型和防水防爆型；按携带方式分为便携式、移动式和车载固定式，便携式又分为佩戴式和手提式。便携式消防照明设备的相关要求见标准 GB 30734—2014，移动式照明设备的相关要求见标准 GB 26755—2011。

便携式消防照明装备已经在第一章第四节有所介绍，下面主要介绍移动式照明设备和车载固定式设备。

（一）移动式消防照明设备

1. 带有发电机（组）的移动式消防照明设备

带有发电机（组）的移动式消防照明装备有移动式泛光照明灯等。

（1）结构及原理。移动式泛光照明灯由灯盘、伸缩杆、电动气泵和发电机组四大部分组成。灯盘由多盏高压双端卤钨灯组成，按现场需要可使每个灯头单独做上下、左右角度调节，旋转实现360°全方位照明；也可将灯头在灯盘上均匀分布向四个方向照明；整体照明远近兼顾，照明亮度高，范围大。选用伸缩气缸作为升降调节方式，可使用发电机组或使用220V市电供电。并可无线或有线控制灯的开启和关闭。选用伸缩气缸作为升降调节方式，用气泵或手动气阀控制伸缩杆的升降。

（2）主要技术性能

① 照射范围：上下转动灯头可调节光束照射角度，灯光覆盖半径达到30～50m。

② 工作时间：灯具可直接使用发电机组供电，也可接通220V市电长时间照明；采用发电机组供电一次注满燃油，连续工作时间可达13h。

（3）注意事项

① 在运载过程中将轮子锁住，以免滑动。

② 升降杆升出前，必须保证其周围和上空有足够空间。

③ 严禁在室内、雨水中使用。

④ 严禁在开机状态给发电机加注燃油、机油以及其他检查和维护。

⑤ 使用过程中，透明件表面温度较高，注意不要触摸，以防烫伤。

2. 不带发电机（组）的移动式消防照明设备

不带发电机（组）的移动式消防照明装备有全方位泛光工作灯等。

（1）结构与原理。全方位泛光工作灯由三角支撑架、气泵、伸缩杆和金属卤化物灯灯盘四大部分组成。灯盘由四个500W金属卤化物灯灯头组成，可根据现场需要将灯头在灯盘上均匀分布向四个不同方向照明，也可将每个灯头单独做上下、左右大角度调节、旋转，实现360°全方位照明。

气泵可采用电动或手动来快速控制伸缩气缸的升降；无线遥控可在30m范围内分别控制每盏灯的开启和关闭。供电电源可用220V市电长时间供电，也可另外接发电机供电。

（2）主要技术性能

① 照射范围：采用金属卤化物灯头，灯光覆盖半径达到30～50m。

② 工作时间：灯具可直接使用220V市电或应急电源长时间照明，时间可达10h以上。

（二）车载固定式消防照明设备

1. 伸缩式照明设备

伸缩式照明设备有升降杆式照明灯等。

（1）结构及原理。升降杆式照明灯是车载式全方位应急照明系统，由升降杆、大功率旋转云台、灯具、控制箱和镇流器箱等组成。升降杆底部设有汽车底盘固定安装方式。通过压缩空气在气动装置的作用下，将升降杆灵活地进行升降。云台经控制器控制，能随意将主灯进行俯仰、水平旋转。其光源采用双石英镝灯，通过热触发迅速点亮光源。

（2）主要技术性能

① 防水：照明设备中的灯具经30min、24.5L/min±5L/min喷水量的雨淋试验后，升降系统和照明系统能正常工作。

② 照度值：在50m处各测试点平均照度不小于5lx。

③ 可靠性：照明设备经300个工作周期后，仍能正常工作。

（3）注意事项

① 照明车开动前，电动云台和照明灯必须复位和下降到最低点，不能在升降杆升起时开动照明车。

② 升降照明灯升起工作前，车辆尽量停于水平位置上。

③ 升降杆升出前，必须保证其周围和上空有足够空间，无高空电线或其他障碍物。

2. 曲臂式照明设备

曲臂式照明设备是由臂架、回转升降机构、灯具、采用车辆动力驱动的发电机组、电控柜灯等组成，整个系统在液压装置的作用下，将臂架灵活地进行回转升降，并且通过电控柜，能随意将灯组进行俯仰、水平旋转，其中每一个照明灯的照射角度可以进行微调，灯具采用金属卤化物灯。

使用时，照明灯升起工作前，装置尽量处于水平位置。金属卤化物灯熄灭后重新启动需待20min，灯泡冷却后方可重新启动。

二、排烟器材

用于火灾现场排烟的器材称之为排烟器材。移动排烟器材包括排烟机、排烟机器人和排烟车。另外，多功能消防水枪、高倍泡沫发生器也具有一定的排烟功能。

排烟机的分类：按照使用方式可以分为正压式、负压式和正负压式排烟机；按照移动方式可以分为手提式、手推式和拖车式排烟机；按照使用时有无风管分为有风管式和无风管式排烟机；按照驱动方式分类可以分为内燃机式排烟机、电动式排烟机和水力式排烟机。

排烟机作为一种移动消防装备，广泛用于各种工业建筑、民用建筑、地下工程、地铁隧道、石油化工等火灾现场的排烟作业。

排烟机可以独立完成各类建筑火灾的排烟作业，也可以与建筑防排烟系统配合使用，发挥更好的排烟作用。还可以用于向灾害现场输送新鲜空气，稀释或抽除有毒有害气体。正压式排烟机还能给救生气垫供气。易燃易爆场所不能使用汽油机式排烟机和非防爆式电动式排烟机，水力排烟机也必须按一定要求使用。

（一）内燃机式排烟机

目前消防救援队伍配备的内燃机式排烟机主要是汽油机式排烟机。汽油机式吸风排烟机传动形式有直接传动和带轮传动，移动方式有手提式、手推式、拖车式，风机叶片的材料有尼龙或铸铝。

1. 结构

目前大多采用较为成熟的小型四冲程汽油发动机。主要由汽油机、风机（包括风机简体、叶轮）和机架等组成。其中风机大多采用轴流式结构。气流进入风机简体，通过快速转动的叶轮使气体获得能量，其特点是流量大、体积小、重量轻、压头低。叶轮大多采用汽油机直联传动。由于排烟机多为小轮毂比且功率不大的轴流式风机，因此不设置后导叶，结构简单，制造方便。排烟机工作时汽油机运转带动风机旋转，从而对气体做功，使气体产生一定的压力和速度，进行火场排烟。

2. 主要技术性能

（1）手提式排烟机主要技术性能　手提式建筑排烟机按照手提式设计，可作为移动式排烟机使用，也可用于排出建筑燃烧的烟气，主要采用4.1kW发动机。独特的倾斜及锁紧装置可实现俯仰20°，侧手柄便于两人手提前进。铸铝螺旋桨叶片排烟机输出功率大且耐一定高温，其主要技术性能见表4-8-1。

表4-8-1　铸铝螺旋桨叶片排烟机主要技术性能

功率/kW	最大排烟量/(m³/h)	最大转速/(r/min)	宽度/mm	厚度/mm	高度/mm	质量/kg
2.6 ~ 9.7	17000 ~ 34000	2800 ~ 3770	500 ~ 940	340 ~ 700	513 ~ 984	28 ~ 60

（2）手推式排烟机主要技术性能　手推式排烟机移动方便，一般配置高品质四冲程汽油

发动机。采用精确平衡工艺、精密叶轮以及后支架的缓冲弹簧设计，减少排烟机使用时产生振动和移位。具有结构紧凑、重量轻等特点。带轮传动方式可实现叶轮转速调节，匹配汽油机的功率及扭矩性能。其主要技术性能见表4-8-2。

表4-8-2　手推式排烟机主要技术性能

功率/kW	最大排烟量/(m³/h)	最大转速/(r/min)	宽度/mm	厚度/mm	高度/mm	质量/kg
4.0~5.0	17000~34000	2950~3740	480~720	500~600	540~762	28~38

（3）拖车式正压排烟机主要技术性能　拖车式正压排烟机是大型移动排烟机，最大风机直径在1200mm以上，发动机功率大于350kW，最大排风量可达410000m³/h。可在极限温度条件下顺利起动。风机通过减速机构驱动，可使发动机转速与风机工作更好匹配。具有控制水温、油压、燃料液位、电池电压、油温、发动机转速等监控功能，并配有大容积储油罐，可连续工作达6h以上。

3. 使用与维护

（1）应根据使用场合或现场环境正确选择正压式或负压式排烟机及排烟机安放位置；不能将排烟机在易燃易爆场所发动。

（2）风机使用前，应使排烟机处于水平位置。检查汽油机曲轴润滑油油位。检查汽油箱油量。加汽油时应远离火源且在通风良好处进行。加油后仔细清除溅落在机器表面的汽油，拧紧油箱盖。

（3）接通汽油开关，关闭阻风阀门，略微打开汽油机油门。

（4）通过汽油机点火开关起动汽油机。对于手动起动汽油机，需轻拉起动手柄直到感到阻力，然后用力快速一拉。注意不要突然放开手柄使其弹回撞击发动机，而应慢慢顺着回弹力放回。使用时排烟机附近不应放有任何物品以避免吸入，造成排烟机损坏或伤及操作者。

（5）工作完毕后，首先将汽油机油门置于怠速位置，让机器在怠速工况下运转2~3min，再将点火电路开关关闭，即可使发动机停止运转，最后关闭汽油开关。

（6）每次使用完毕后，应擦拭吸、排烟管道和排烟机，保持清洁。

（二）电动排烟机

电动排烟机是利用火灾现场的电源或者消防车自带的电源为动力源，以电动机为动力驱动的排烟机，是常用的消防排烟机之一。电动排烟机采用电机为动力源，具有体积小、重量轻、容易起动、能够快速投入火场和应急救援战斗、转速较快、排烟量大、噪声小、操作方便等特点，适用于大型容罐内、隧道内有毒气体以及烟气、粉尘排送，是目前消防救援队伍常用的排烟机，其缺点是在现场没有电源的情况下无法使用，并且采用普通电机不能在易燃易爆场所使用。

电动排烟机主要有手推式消防排烟机、手提式消防排烟机、低噪声电动防爆消防排烟机和带风管电动消防排烟机四种形式。

1. 结构

电动排烟机（图4-8-1）一般采用轴流式结构，主要由集流器、叶轮、机壳、隔流腔、扩散器、电动机及传动装置等部分组成。排烟风机的集流器可制成圆筒型、截锥型和弧锥型。

轴流式排烟机的叶轮由轮毂和叶片组成，叶片采用尼龙或金属材料。用于消防救灾的轴

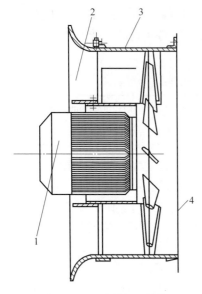

图4-8-1　电动排烟机结构

1—电动机；2—钟罩形入口；3—圆形风扇；4—叶片

流排烟风机一般是将风机叶轮直接安装于电动机轴上，彼此组成一个整体，结构紧凑，便于维护。电动机是电动排烟风机的心脏部件，电动排烟机大多采用三相异步电动机。

2. 主要技术性能

（1）手推式排烟机主要技术性能。手推式排烟机使用2kW发电机，无起动冲击电流，控制模块可通过逐渐升高转速避免起动冲击。可通过数控模块精确控制电机转速，从而精确控制风量。转速可从0连续调节至3200r/min，风量可从0调节至26000m³/h。该排烟机整机密封，风冷电机及控制模块可在雨天或喷水环境中使用。

手推式铝制螺旋桨叶片防爆排烟机采用铝制螺旋桨叶片，可承受火灾现场常见的高辐射热。动力装置选择标准、变速、可用于危险场所电机。

（2）手提式电动排烟机主要技术性能。手提式电动排烟机拥有高精度平衡叶轮、快速倾斜角度调节，结构紧凑，重量轻，便于携带。

手提式铸铝叶片排烟机采用4片铸铝后弯叶片，噪声低、风量大，选用全封闭可用于危险场所电机。可用电源为110V或220V。采用正方形结构，以确保强度及稳定性。四角各有一个手柄，便于搬运、布置。

（3）低噪声电动防爆排烟机主要技术性能。低噪声电动防爆排烟机使用115～230V电源，噪声极低、稳定性好，其主要技术性能见表4-8-3。

表4-8-3　低噪声电动排烟机主要技术性能

电机功率/kW	排烟量/(m³/h)	转速/(r/min)	电压/V	满载电流/A	质量/kg	声级/dB(A)
0.746～1.5	34000～57000	1753～1755	115～230	14.4～18.8(115V)	34～48	65～68

（4）带风管电动排烟机主要技术性能。由PVC阻燃双面夹网布及钢线制成的排烟伸缩软管（软管直径为10～200cm，长度1～30m），采用绑扎、钢夹、不锈钢箍等驳接方式绑于排烟风机上，可以用于坑道、地下仓室、船舶、船舱排烟等比较狭窄空间内的排烟。

柔韧的导风筒在地形复杂的环境下能弯曲，导风筒之间能够简单地连接。适用于大型容器内、隧道内的排风或送风，有害气体、烟尘、粉尘、热气等排放，其主要技术性能见表4-8-4。

表4-8-4　带风管电动排烟机主要技术性能

电机功率/kW	排烟量/(m³/h)	电压/V	满载电流/A	外形尺寸(长×宽×高)/mm	质量/kg	风管/m
0.5	2880	115～230	1.7	390×352×390	15	5

3. 使用与维护

（1）选择好摆放位置，将排烟机平稳放置，根据需要展开并接上排烟或吸烟管道，且要保持吸、排烟管道畅通；尽量采用短管道和减少转弯，以保证一定的排烟量，吸、排烟管道未连接好前，不得将排烟机抬入浓烟区和起动排烟机。

（2）应根据使用场合或现场环境正确选择正压式或负压式排烟机及排烟机安放位置。

（3）使用时排烟机附近不应放有任何物品以避免吸入，造成排烟机损坏或伤及操作者。

（4）普通电机排烟机不应将排烟机放在易燃易爆等危险区域起动。

（5）排烟机从起动到正常工作转速需一定时间，电机起动时所需功率超过正常运转功率。对于离心排烟机，风量接近于零时功率较小，风量最大时功率较大，避免因起动负荷过大而危及电机的安全运转。

（6）每次使用后，应检查排烟机各连接部分是否牢固，叶轮和机壳间隙是否适宜。叶轮片有无磨损、结垢、质量不均，避免因叶轮的不平衡而引起振动。应擦拭吸、排烟管道和排烟机，除去排烟机和排烟管道内的杂质和烟垢，保持清洁。

（7）运转时出现异常振动，应停止使用。

（三）水力式排烟机

水力式排烟机是由水轮机作为动力驱动的排烟机，所用的压力水通过消防水带，从消防车、手抬泵或固定供水装置等处获取。水力排烟机使用时，能够快速展开消防作业，压力水获取方便，适用于高层、地下建筑、石油化工等各种场合，在满足一定要求条件下还可以用于易燃易爆场所。它是消防队伍常用的排烟机。

1. 结构

水力式排烟机主要由风机叶轮、机壳、网罩、水轮机和支架等部件组成。有些排烟机带有喷雾装置。水轮机是水力排消烟机的一个重要部件，它是水力排烟机的原动机。水轮机通过压力水带动水轮机转动，从而带动风机转动。目前用于水力排烟机的水轮机主要有冲击式水轮机和反力式水轮机两种。

（1）冲击式水轮机

冲击式水轮机（图4-8-2）包括水轮机蜗壳、叶轮和传动轴等部件。其中叶轮安装于轴上，由平键、螺母等将其固定。水轮机的进水口、回水口可以采取直向布置或斜向布置。回水可以回到水箱或水池循环使用，还可以接消防水枪进行消防作业。消防队员可以根据具体情况，选择合适的回水方式。

排烟机工作时，压力水通过水轮机蜗壳导流后，带动叶轮旋转，叶轮的传动轴带动风机旋转进行排烟。有些冲击式水轮机驱动的水力排烟机上装有水雾喷头，可以按照实际需要通过阀门控制开启关闭。利用喷出的水喷雾粒子与烟中碳粒子结合沉降的原理，可进行水喷雾消烟；水雾变成蒸汽时的吸热作用，

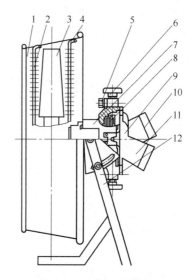

图4-8-2 冲击式水轮机

1—机壳；2，4—网罩；3—风机叶轮；5—喷雾喷头；6—喷雾开关；7—水轮机本体；8—水轮机叶轮；9—水轮机盖；10—出水口；11—进水口；12—支架

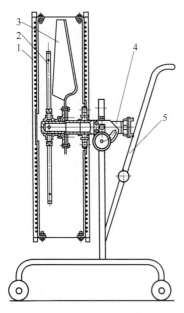

图4-8-3　反力式水力排烟机结构

1—机壳；2—喷管；3—风机叶轮；4—进水口；5—支架

可以降低现场温度。水蒸气稀释火焰附近的空气，使含氧量减少，既可以消烟、降温、吸收热辐射，还可以降低火场有毒有害气体浓度。

（2）反力式水轮机

反力式水轮机驱动的排烟机结构见图4-8-3。一般采用消防车供水，压力水由入水口经水轮体上的4个斜向喷嘴喷出，喷射反力的切向力驱动水轮机轴旋转，同时带动风机旋转进行送风排烟。反力式水轮机驱动的排烟机在工作时产生的大量水雾，可以灭火、冷却、消烟、稀释有毒有害物质。

2. 主要技术性能

（1）冲击式水轮驱动的排烟机主要技术性能

该排烟机的水轮机采用的是冲击式水轮机，工作压力较低，喷雾喷头安装在水轮机本体上。其主要技术性能见表4-8-5。

表4-8-5　冲击式水轮机驱动的排烟机主要技术性能

额定工作压力/MPa	0.7 ~ 1.4	供水流量范围/(L/s)	8.5 ~ 16(±0.5)
供水流量/(L/s)	9.5 ~ 14(±0.5)	排烟量范围/(m³/h)	11000 ~ 21000
排烟量/(m³/h)	≥12000 ~ 17000	质量/kg	≤15.5 ~ 17.5
工作压力范围/MPa	0.5 ~ 1.8	外形尺寸(长×宽×高)/mm	500×600×800

（2）反力式水力排烟机主要技术性能

该排烟机采用反力式水轮机，在排烟的同时，有大量的水喷出，可以进行现场的冷却降温。该排烟机具有排风量大、安全性好、无回水的特点。可以通过消防水带远距离机动作战。用于地铁、隧道等各种场合的火场排烟，其主要技术性能见表4-8-6。

表4-8-6　反力式水力排烟机主要技术性能

供水压力/MPa	额定供水流量/(L/s)	排烟量/(m³/h)	风机直径/mm	质量/kg
0.5 ~ 1.0	15	60000	1200	70

3. 使用与维护

（1）使用前必须检查各部件的完好程度。

（2）使用时，根据现场条件放置排烟机，进水口与供水管路相连，出水口可以直接放空，也可以通过水带连接其他灭火装备或回到水池和水箱；当水泵供水后，调节风扇的控制阀，可调节风扇的转速，如果通过调节供水车的水泵出口压力来调节风扇的转速，风扇控制阀必须全开。

（3）在使用喷雾功能进行送风排烟时，有水雾从喷头喷出，也可根据需要打开其中的一只或几只。

（4）使用后，要打开排烟机的放水阀门，将排烟机中的余水放尽，清除排烟机的喷头、进水管内和滤网处的脏物。如果使用的是非淡水，用完后要用清洁的淡水冲洗。

（5）排烟机入水口不能有太多、太大的杂质，防止堵塞，造成水轮机故障。

（6）须经常检查排烟机各连接部分是否牢固可靠。

（7）排烟机使用后，喷头需拆下用水清洗。

（8）排烟机运转时，应经常注意有无异常声响，振动是否加大，如有异常声响或振动加剧，应立即停机检查。

（9）排烟机应储存在阴凉干燥处。

（10）排烟机外露镀铬件应涂润滑脂。

思 考 题

1. 照明器材分为哪些类型？

2. 排烟机如何分类？

3. 简述内燃机式排烟机的使用与维护方法。

参 考 文 献

［1］中华人民共和国公安部消防局 . 中国消防手册（第十二卷　消防装备·消防产品）. 上海：上海科学技术出版社，
　　2006.

［2］李本利，陈智慧 . 消防技术装备 . 北京：中国人民公安大学出版社，2014.

［3］陈智慧 . 消防技术装备 . 北京：机械工业出版社，2014.

［4］邵薇，徐志达 . 水域救援技术 . 北京：中国水利水电出版社，2019.

［5］徐晓楠 . 灭火剂与灭火器 . 北京：化学工业出版社，2006.

［6］闫胜利 . 消防技术装备 . 北京：机械工业出版社，2019.

［7］张国建 . 消防技术装备 . 昆明：云南教育出版社，2011.

［8］何川，郭立君 . 泵与风机 . 北京：中国电力出版社，2016.

［9］王永西 . 消防供水 . 昆明：云南教育出版社，2011.

［10］禹华谦 . 工程流体力学 . 北京：高等教育出版社，2011.

［11］闵永林 . 消防装备与应用手册 . 上海：上海交通大学出版社，2013.

［12］王兴，赵卫忠 . 消防泵结构与维修 . 南京：江苏教育出版社，2009.

［13］应急管理部消防救援局 . 灭火器材 . 北京：群众出版社，2014.

［14］应急管理部消防救援局 . 消防泵与消防车 . 昆明：云南人民出版社，2020.